JISによる
幾械製図と
幾械設計（第2版）

機械製図と機械設計編集委員会 [編]

OHM
Ohmsha

Mechanical Design&
Drawing

執筆者一覧

安藝雅彦	関谷直樹
秋元雅翔	高橋正明
飯島晃良	田畑昭久
飯田　眞	富永　茂
市原稔紀	松本祐一郎
上田政人	三木悠也
内田　元	宮城徳誠
岡部顕史	山田高三
加藤保之	渡辺　亨
金子美泉	渡邉満洋
河府賢治	（五十音順）
関根太郎	

はじめに

　本書は，初めて機械製図を学ぶ学生や，図面を読む必要のある機械技術者以外の方への入門書である．本書をお読み頂ければ，日本産業規格（JIS：Japanese Industrial Standard）に基づく機械図面の基本的な作図ルールを習得して，図面の読み描きができるようになる．

　本書では，はじめに手描きで図面を描く際に必要な製図用具から説明している．1本1本の線が形状のどの部分を表すかをていねいに考え，図面を描くことにより，図面を正しく読む力が身につき，また2次元の図面からその3次元形状を想像することも容易となる．さらに，手描きによる作図の練習は，製図以外の場面でも，アイディアを図として描き留めるときや，議論の中で簡単な絵をさっと描いて相手に伝えるときにも役立ち，投影法の考え方により，誰にでもわかりやすい絵を描くことができるようになる．

　一方で，実務においてはコンピュータを使って2次元の図面を描いたり，3次元形状を作成することが通常となっている．3次元形状データは2次元の図面に変換することもできるが，図面化せずに3次元加工機へ直接転送して製造するダイレクトデジタルマニュファクチャリング（DMM：Direct Digital Manufacturing）も進みつつある．このためのソフトウェアであるCAD（Computer Aided Design）についても本書で説明しているが，図面の描き方の基本を理解していれば，あとは操作方法がわかれば使いこなすことができるため，詳細は他書に譲り概要について触れるにとどめている．

　本書の内容は，大学等における機械系学科の1年間または2年間の実習科目で学習することを想定している．一例として，「機械製図」科目の教科書として使用する場合の，各授業期間における到達目標と各章の対応を以下に示す．

> **【1年目】 前期**：JIS規格に基づく機械図面の作図ルールを習得し，簡単な図面の読み描きができる（第1〜2章）
>
> **後期**：実物（例えば軸継手など）を参考にして，部品図および組立図を作成することができる（第3〜6章，第11章）[*]

　また，「機械設計製図」科目の教科書として使用する場合における，上記の1年目に続く2年目の各授業期間における到達目標と各章の対応を以下に示す．

> **【2年目】 前期**：簡単な機械（例えば減速機など）の基本設計を行い，基本設計書，基本構想図を作成することができる（第7〜10章）
>
> **後期**：基本設計書，基本構想図に基づき，設計書，組立図，部品図を作成することができる

　本書が，機械製図を学ぶ多くの方にとって最良の入門書となることを期待している．

---

[*] 本書を順序立てて構成している都合上，第3章「公差と表面性状」や第4章「材料記号」などは適宜必要な箇所を選んで，1年目または2年目で学習いただくとよい．

第2版発行にあたって

　大学の授業にて使用する中で，必要と思われる多くの修正を行った．ただし，全体構成については変更しておらず，これまでどおり大学の製図教育において，1年間または2年間で修得することを想定した教科書である．溶接の章については，要望を受けて大幅な修正を行った．また，図面集についても，初めて図面を読む学生が理解しやすいように，より単純な形状部品へと差し替えを行った。本改訂版が，初めて機械製図を学ぶ学生に対してより適切な入門書となっていることを期待している．

2023 年 11 月

目　　次

目次

目
次

目
次

第1章

製図の基礎

1.1 製図の目的

Point
・図面の必要性と良い図面について理解する.

　機械エンジニアにとって，図面はいわば世界共通言語である．日本国内で日本の機械エンジニアが描いた図面を海外に持っていけば，その国の機械エンジニアがその図面を理解することができ，その図面に基づいて現地で機械を製造することができる．したがって，図面を描く「製図」には，世界共通のルールがある．この製図のルールを習得すれば，世界でも通用する機械エンジニアとなることができる.

　ある図面を複数の工場へ配布して分担して製造する場合，どの工場においても同じ寸法・品質の機械（部品）が製造されなければならない．このことから，図面にはあいまいな部分があってはならない．図1-1-1に，ある部品形状を言葉で説明した場合と，図面で説明した場合とを示す．言葉よりも図面のほうが，形状がわかりやすく，かつ正確に示すことができる．この例では単純な形状をあげたが，複雑形状の場合には，その形を言葉で"完璧"に説明するのは難しくなる.

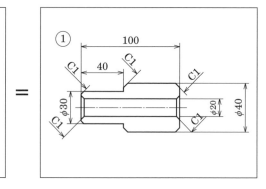

部品番号 1 の形状

・基本的な形状は外径が 40 mm，内径が 20 mm の円柱状で，全長は 100 mm. ただし，左端から 40 mm までの部分は外径が 30 mm の段付き形状である.
・直径が 20 mm の内側の穴は通し穴であり，両端の角部には C1 の面取り加工を施す.
・左端，右端および外径が 30 mm から 40 mm に変わる箇所の外側の角部には C1 の面取り加工を施す.

（a）形状を言葉で説明した場合　　　　　（b）形状を図面で説明した場合

図 1-1-1　正確に物の形状を伝えることができる「図面」

　製図のルールに従ってある部品図を描く場合でも，作図者によってさまざまな図面ができる．これはある内容を言葉で説明する場合，その説明のしかたが人によって異なるのと同じである．例えば，ある寸法を正面図にも右側面図にも入れることができる場合，特別な理由がなければ正面図に寸法を入れるほうがよい．これは，その部品を実際につくるとき，部品を加工する人がまず始めに寸法を探すのが正面図であるためである．必要な寸法がすぐに見つけられる図面は，加工時間の短縮につながる良い図面である．一方で，この寸法を右側面図に入れても製図のルール上は間違いではないが，加工する人にとって寸法が見つけにくい図面では，良い図面にはならない.

　以上のことから，部品の形状などの情報を「**正確**」に伝える手段が製図であり，製図のルールに従って図面を描くこと，また，その図面を読む人（部品を加工する人や製造

第1章　製図の基礎

後に検査のために寸法計測する人など）にとって**「読みやすい」**図面を描くことが大切である．製図のルールと，加工方法などを考慮した寸法の入れ方を身に付けることにより，より良い図面を描くことができるようになる．

1.2 製図用具とその使用法

Point
・正確な図面を描くのに必要な製図用具とその用途を知る．

図面を作成する際，大きくは次の二つの方法がある．
①　手描き製図
②　CAD（computer aided design）

①の手描き製図は，後述する製図器械（シャープペンシル，定規，コンパスなど）を用いて製図用紙に製図することを指す．②のCADは，製図を行うコンピュータソフトを用いてコンピュータ上で製図することを指す．

手描きの製図は，三次元形状である実形状を，製図用紙上に二次元の投影図として作図し，寸法などの製作に必要な情報を加えて図面化するものである．CADでは，画面上に手描き図面と同様な二次元の投影図を描く二次元CADのほか，三次元の形状として作図する三次元CADがある．三次元CADで作成した図と実物の例を図1-2-1に示す．

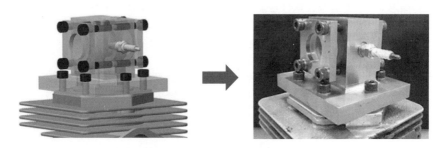

三次元CADで作成した図面　　　　　　　　　製作品

図 1-2-1　三次元 CAD で作成した図面と実際の製作品の例

現代の製造業では，CADを用いて設計を行うことが多い．一方で，機械の設計などに携わるエンジニアは，頭の中で**「三次元の形状 ⇔ 二次元図面」**を相互に変換できるようにする必要がある．その訓練を行う意味でも，学校製図などで手描きの製図を行うことは意義のあることである．

1 製図器械セット

通常の手描き製図に用いられる道具は，シャープペンシル，コンパス，中心器，ディバイダなどである．これらの器具は作図作業に必須のため，セットで販売されていることも多い．図1-2-2に，製図器械セットの一例を示す．

セットの主な内容は次のとおりである．

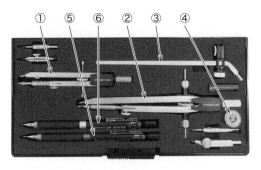

図 1-2-2 製図器械セットの例

① 中コンパス（円や円弧を描く）
② 大コンパス（円や円弧を描く）[※1]
③ 継足し棒またはエクステンション（大コンパスに取り付けてより大きな円弧を描くために用いる）
④ 中心器（コンパス針による図面穴あき防止，同心円を描く際の正確な中心確保に役立つ）
⑤ シャープペンシル 0.7 mm（太線を描く）[※2]
⑥ シャープペンシル 0.3 mm（細線を描く）[※2]

2 テンプレート

　小さな円，小さな円弧，文字，六角形（ボルトなど），製図記号など，使用頻度が高い図形や文字を容易に描けるように，型取りされた定規（テンプレート）が多数用意されている．図 1-2-3 に，円弧テンプレートの例を示す．小さな円弧はテンプレートで描くのが合理的である．

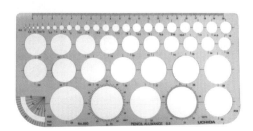

図 1-2-3 円弧テンプレートの例

3 字消し板

　図面の線や文字の一部を消したいとき，字消し板（図 1-2-4）を当てて消したい箇所以外を覆い，消しゴムでこすると，消したい箇所だけを消すことができる．

[※1] このほか，小型のスプリングコンパスなどもある．
[※2] このほか，文字の種類と大きさなどに応じて，0.5 mm のシャープペンシルも使用する．0.5 mm のシャープペンシルは，通常用途で広く用いられているが，ペン先がテーパになっていたり，プラスチックなどの軟らかい素材のものは，図形や記号を描くのには向かないため，注意が必要である．

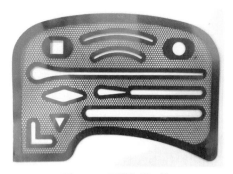

図 1-2-4　字消し板の例

4 雲形定規

　いろいろな曲線を組み合わせた定規を雲形定規と呼び，任意の曲線形状を描く際に便利である（図 1-2-5）.

図 1-2-5　雲形定規の例

5 ドラフティングテープ（製図用テープ）

　図面を製図台に張り付ける際に，図 1-2-6（a）に示すような製図用テープを用いる. このテープは，図面を製図台にしっかりと張り付けることができるとともに，図面をはがす際に，ていねいにはがすことで角が破れたりすることなく行うことができる. 図面を描く際には，ドラフティングテープを用いて，図 (b)，(c) のような方法で製図用紙の四隅をしっかりと製図台に張り付けて使用する.

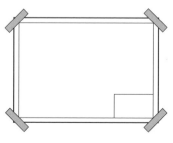
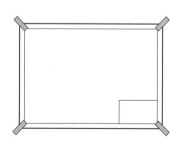

（a）ドラフティングテープ　　　（b）図面の留め方 (1)　　　（c）図面の留め方 (2)

図 1-2-6　ドラフティングテープ

6 **製図機械**

　図面を描く際，水平線，垂直線，角度をつけた直線を引く頻度が非常に多い．これらの線を定規，T 定規，三角定規などを使って引くと能率が悪い．そこで，図 1-2-7 に示すような製図機械を用いると便利である．製図機械には，トラック式とアーム式があるが，いずれも互いに直角に取り付けられた水平定規と垂直定規を製図台の任意の位置に移動して線を引くことができる．また，これらの定規は回転し，内蔵されている分度器を用いて任意の角度に固定することができるため，任意の角度の斜め方向の線を引くのも容易である．製図機械と製図板とを合わせた製図台のことを**ドラフター**※と呼ぶ．

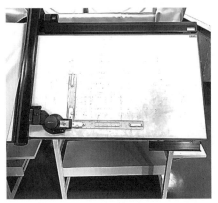

（a）トラック式　　　　　　　　　　　　　（b）アーム式

図 1-2-7　製図機械

1.3　規　　格

Point
・ものづくりにおける図面とのかかわりと国内および国際規格について理解する．

1 規格の重要性

　工業製品は，図面を基に製作される．当然のことながら，図面にかかわるのは設計者だけではない．表 1-3-1 に示すように，さまざまな役割の担当者が，図面にかかわっている．また，そのやり取りは一国内のみではなく，グローバルに行われる．そのため，それらのすべての領域で図面による情報伝達が成り立つために，規格の存在がきわめて重要になる．つまり，図面はものづくりの世界共通言語でなければならない．そのため，図面の規格についても，国際的に通用するように国際標準化が進められている．

※　一般的には，ドラフターは MUTOH の登録商標．

表 1-3-1　ものづくりにおける関係部門と製図とのかかわり

	関係する人	図面とのかかわり
1	製品を企画する人	新たに実現したいものを考える．ラフ画などを描きながら構想を描き，仕様を決める．
2	製品を設計・開発する人	企画で決めた仕様（性能，サイズ，コスト，耐久信頼性など，実にさまざまな項目）を満足するように具体的な機構・構造・材料・加工法などを考えながら，計画図・部品図・組立図などの製作図面をつくり上げる．このプロセスでは，図面を描くだけでなく，基礎的な研究，新技術の先行開発，性能や耐久性などの評価実験なども含まれるため，それを担当するエンジニアは，図面を読んで課題を明らかにしたり，設計に必要な要件を提示したりする．
3	構成部品を調達する人	すべての部品を社内で製造するわけではないので，図面を見て要求する機能を満足する部品を見定め，見積りや価格交渉をして最適な会社から調達する．
4	製品を製造する人	部品図を読んで部品を製作し，組立図を読んで製品を組み立てる．
5	工場の生産管理をする人	上記 3 で製品を製造するためには，それができる生産設備と生産体制がなければならない．図面を読みながら，つくりたい製品が製造できるように，生産設備の開発，最適な稼働体制の構築などを行う．
6	製品を検査する人	出来上がった製品が仕様を満足しているか検査する．その際，部品図や組立図を読みながら検査を行う．
7	製品を販売する人	営業部門などの担当者は，自社で開発された製品をユーザに売り込む．その際，自社の製品の特長を十分に理解するためには，図面を正しく読むことが求められる．また，ユーザから製品の形状，材質，仕様などについての問合せがあった場合に，図面を読んで答える必要がある．
8	アフターサービスをする人	図面をもとに，カタログ，ユーザマニュアル，サービスマニュアル（整備マニュアル）を作成する．また，商品の点検，整備，修理などを行う場合に，図面を読むことも必要である．
9	製品のユーザ	製品を購入する側も，仕様書やカタログなどに記載されている図面を読むことがある．また，設備導入などの際には，図面を読みながら導入を進めていく必要がある．

2 工業規格

　日本の製図規格は，**日本産業規格（Japanese Industrial Standards，略称 JIS）**（2019 年 7 月 1 日より，日本工業規格（JIS）から変更された）で定められている．もともと，このような規格は，業界や国・地域ごとに存在してきた．図 1-3-1 に，規格の階層構造を示す．**国際標準化機構（International Organization for Standardization，略称 ISO）**などの国際規格の下に，いくつかの国や地域でつくられた地域規格がある．さらにその下に各国で策定された国内規格がある．JIS は日本の国家規格である．さらにその下には，特定の業界や団体でつくられた業界（団体）規格がある．同図の上層に行けば行くほど，適用範囲が広く国際的な合意度合いも高い．一方で，改正がフレキシブルには行えないなど，コントロールが難しい側面がある．下に行けば行くほど，適用範囲は狭くなるが，コントロールしやすいのが特徴である．

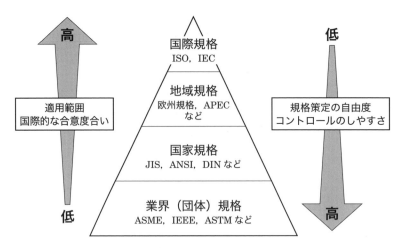

図 1-3-1　規格の体系
（経済産業省：国際標準化と事業戦略，2017 より作成）

　近年では，世界規模での貿易の技術的障害を改善する目的（WTO/TBT 協定）でそれらの統一化を図るべく，国際標準化が進められてきた．製図の国際規格は ISO によって定められている．

　JIS の製図規格も，2000 年以降に国際標準である ISO 規格への整合化作業が進み，現在は ISO に準拠している．言い換えれば，JIS による製図の読み描きを理解すれば，それは国際的にも通用する製図法を理解することになる（2000 年以前の旧 JIS に基づいた図面を読む際には，日本独自の表記などに注意が必要である）．

　JIS は，さまざまな産業分野に対応して，表 1-3-2 に示す 19 の部門に分類されている．

表 1-3-2　JIS の分類

部門記号	部　門
A	土木・建築
B	一般機械
C	電子機器・電気機械
D	自動車
E	鉄道
F	船舶
G	鉄鋼
H	非鉄金属
K	化学
L	繊維
M	鉱山
P	パルプ・紙
Q	管理システム
R	窯業
S	日用品
T	医療安全用具
W	航空
X	情報処理
Z	その他

JIS 規格を表示する際には，次のように「JIS 部門記号 4 桁の数字：改正年」のように表される．

例）JIS B 0001：2019　機械製図

4 桁の数字のうち，原則として前の 2 桁は各部門内での分類を示し，後の 2 桁は制定順を示している．

1.4　図面の種類

Point
・図面の種類ならびにそれらの管理方法について理解する．

　機械構造物を製作する際には，それらの形状，構造，寸法，材料などを慎重に吟味して決定する．さらに，決定されたそれらの形状や構造などは，線あるいは点を用いて図形として描かれ，また寸法や材料その他の事項は，文字によってそれらの図形に付記され，製作物の概要を示す図面を作成することができる．この慎重に吟味して決定するまでのプロセスが**設計**であり，一方でその草案を示した図面が**基本設計図**である．しかし，この設計図はあくまでも製作物の概略を示したものにすぎず，製作者がこの図面を見ただけでは製作物の詳細を理解することができない．そのため，品物を正確にかつ能率的に製作するためにさらに詳細に図面を描く必要がある．これを**製作図**あるいは**工作図**といい，この図面を作成することを**製図**という．機械構造物を製作する際の図面の基礎となるものは，品物を製作するために用意されるこの製作図であるが，さまざまな目的や用途に応じて各種図面が存在する（表 1-4-1）．

表 1-4-1　用途別図面

図面の種類		定　義
設計図		設計の意図，計画を表した図面
	基本設計図	最終決定のための，および（または）当事者間の検討のための基本として使用する図面
試作図		製品または部品の試作を目的とした図面
製作図		一般に設計データの基礎として確立され，製造に必要なすべての情報を示す図面
	工程図	製作工程を示す図面
	詳細図	形，構造，結合の詳細を示す図面
	検査図	検査に必要な事項を記入した図面
注文図		注文書に添えて，品物の大きさ，形，公差，技術情報など注文内容を示す図面
説明図		構造・機能・性能などを説明するための図面

用途による分類

（JIS Z 8114 より作成）

　一方で，製作図をその内容別に分類すると，組立図と部品図があげられる．

1 組立図

組立図は，機械構造物の使用状態がわかるように組み立てられた状態で描かれた図面であり，この図面を見れば，全体の構造や機能，作用，個々の部品の相対的な位置関係が把握できる（図 1-4-1）．組立図は，通常，主投影図で示すが，これだけでは部品がすべて指示できない場合は，平面図，側面図など（詳細は 2.1 節を参照）を必要に応じて追加する．組立図に記入するものとしては，以下の項目があげられる．

① **照合番号（部品番号）**

主要部品と，その構成部品順に番号を付ける．

② **主要寸法**

a）**外形寸法**（外法寸法あるいは梱包寸法），すなわち，機械構造物の全体の大きさを表す寸法であり，縦，横，高さの寸法，または外径と幅などを記入する．

b）**機能寸法**，例えば主軸の外径，軸心の高さ，可動範囲を示す寸法，取付け部の寸法などを記入する．

③ **隣接部品**

想像線（二点鎖線）で描く（ただし，隣接部品がある場合のみ）．

④ **加 工**

加工内容とその関連寸法を記入する（ただし，加工の指示が必要な場合のみ）．

⑤ **部品欄**

表題欄の上，または，図面の右上に部品欄を設け，部品番号，名称，材料，質量，個数および備考を記入する（詳細は 2.5 節参照）．

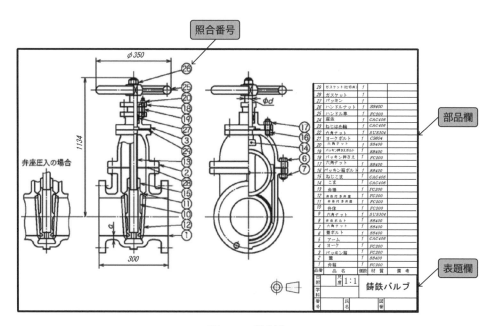

図 1-4-1　組立図
（JIS B 2031 の内ねじ仕切弁をもとに作図）

2 部品図

　部品図は，機械構造物を構成する個々の部品についてその詳細を示す図面であり，この図面に基づいて品物の製作が行われる．そのため，部品図は，品物を製作するうえで必要なすべての情報を含んだ最も重要な図面であると考えられる（図1-4-2）.

　部品図は，通常，主投影図，平面図，側面図，その他の図を必要に応じて追加して描く．ただし，これらの投影図は，必要最小限にとどめなければならない．なお，部品図に記入するものとしては，以下の項目があげられる.

① **照合番号（部品番号）**
　図面の上方に書く（ただし，多品一葉図面の場合のみ記入）.

② **各部の寸法**
　組立図とは異なり，すべての寸法を細大漏らさずにわかりやすく記入する（詳細は，2.3節を参照）.

③ **表面粗さの記号**
　図面の上方と図中の指定箇所に書く.

④ **幾何公差**
　図中の必要箇所に記入する（ただし，幾何公差の指示が必要な場合のみ）.

⑤ **部品欄**
　組立図の場合と同様に表題欄の上に部品欄を設け，部品番号，名称，材料，質量，個数および備考を記入する（詳細は2.5節を参照）.

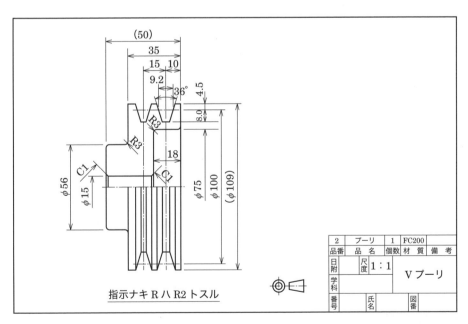

図1-4-2　部品図

次に，これらの製作図に対して管理方法について分類すると，以下のとおりである．

① **多品一葉図面**

1枚の製図用紙の中に組立図やいくつもの部品図を描いた図面．

② **一品一葉図面**

1枚の製図用紙の中に一つの部品または組立図を描いた図面．

③ **一品多葉図面**

一つの部品または組立図が1枚の製図用紙の中に描ききれず，2枚以上にわたる場合の図面．

 図面の大きさおよび様式

Point
・図面のサイズ，図面の様式を把握する．

 製図用紙のサイズ

製図用紙のサイズについては，JIS Z 8311「製図用紙のサイズ及び図面の様式」において，表1-5-1（a）に示す**A列サイズ**（A0〜A4）の中から選ぶことになっているが，原図には，必要とする明瞭さおよび細かさを保つことができる最小の用紙を用いるのがよい．ただし，取扱い上の便宜を優先し，一連の図面において用紙の大きさをそろえたいときはこの限りではない．また，特に長い品物を製図する場合では，必ずしもこれらのサイズを用いる必要はなく，表1-5-1（b）に示す延長サイズの用紙から選ぶことになっている．

表1-5-1　製図用紙のサイズ

（a）A列サイズ

呼び方	寸　法
A0	841×1189
A1	594×841
A2	420×594
A3	297×420
A4	210×297

（b）延長サイズ

呼び方	寸　法
A3×3	420×891
A3×4	420×1189
A4×3	297×630
A4×4	297×841
A4×5	297×1051

（単位：mm）

 図面の様式

1　用紙の向きについて

長辺を左右方向に置いて用いるが，A4サイズでは，短辺を左右方向に置いてもよい（図1-5-2参照）．

2 輪郭線について

図面には，線の太さが 0.5 mm 以上の輪郭線を設ける．この輪郭線の幅は，図 1-5-1 に示すように，A0 および A1 サイズに対しては最小 20 mm，A2，A3 および A4 サイズに対しては最小 10 mm であることが望ましい．

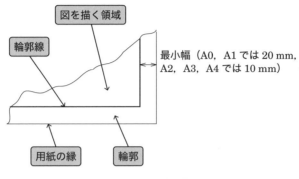

図 1-5-1　輪郭線

3 表題欄の位置について

図面には，**表題欄**（図面番号，図名などの事項を明記したものであり，詳細は 2.5 節を参照）を，用紙の長辺を横方向にした X 形，または用紙の長辺を縦にした Y 形のいずれにおいても，領域内の右下隅に設ける（図 1-5-2）．

4 中心マークと方向マークについて

複写の際に図面の位置決めに便利なように，**中心マーク**は，図 1-5-2 に示す位置に 4 箇所設ける．中心マークの描き方については，用紙の端から輪郭線の内側約 5 mm まで，最小 0.5 mm の太さの直線を用いて施す（図 1-5-3）．また，製図用紙の向きを示すために方向マーク（図 1-5-4）を 2 個設けてもよいことになっている．

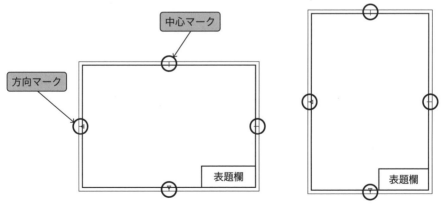

（ a ）長辺を横方向にした X 形用紙　　　（ b ）長辺を縦方向にした Y 形用紙

図 1-5-2　用紙の向きと表題欄ならびに中心マーク，方向マークの位置

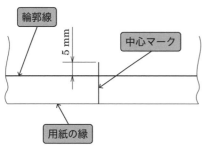

図 1-5-3　中心マークの表示法

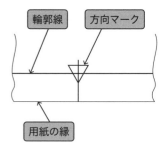

図 1-5-4　方向マークの表示法

1.6 尺　　度

Point
・図面の尺度とその表記方法を理解する.

　機械部品の寸法はきわめて大きいものからきわめて小さいものまでさまざまである. 一方で, それらを描く用紙のサイズは, 前節で説明したように基本的には A0 ～ A4 の 5 種類に限定される. そのため, 図面に描かれる図形の大きさは, 実物と同一の寸法すなわち**現尺**で常に描くわけにはいかず, 実物の寸法よりも小さい寸法すなわち**縮尺**で描かなければいけない場合や, 実物の寸法よりも大きい寸法すなわち**倍尺**で描かなければいけない場合が生じる. このような場合には, 図面の中に尺度を変更して描いたことを明記する必要がある.

1.6 1 尺度の表示

　尺度は「A：B」で表す. ここで, A は描いた図形の寸法, B は対象物の実際の大きさ（長さ）を意味する. したがって, 現尺の場合は A, B ともに 1 となり, 「1：1」と表すことになる. 一方で, 縮尺の場合は A を 1, B を任意の数値で表し, 例えば実物の半分の大きさで描くときは「1：2」と表す. 同様に, 倍尺で描くときは, A を任意の数値, B を 1 で表し, 例えば 2 倍の大きさで描くときは「2：1」のように表示する.

1.6 2 尺度の値と図面への表し方

　機械設計製図で用いる推奨尺度の値を表 1-6-1 に示す（JIS Z 8314）. ただし, やむ

表 1-6-1　推奨尺度

種別	推奨尺度			中間の尺度（やむを得ない場合）		
倍尺	$50：1$	$20：1$	$10：1$	$50\sqrt{2}：1$	$25\sqrt{2}：1$	$10\sqrt{2}：1$
	$5：1$	$2：1$		$5\sqrt{2}：1$	$2.5\sqrt{2}：1$	$\sqrt{2}：1$
現尺		$1：1$			$1：1$	
縮尺	$1：2$	$1：5$	$1：10$	$1：\sqrt{2}$	$1：1.5$	$1：2.5$
	$1：20$	$1：50$	$1：100$	$1：2\sqrt{2}$	$1：3$	$1：4$
	$1：200$	$1：500$	$1：1000$	$1：6$	$1：5\sqrt{2}$	$1：15$

を得ない場合には，この表の右側に示した中間の尺度が用いられる．

図面への尺度の表し方として，尺度は図面の表題欄に記入する．ただし，同一図面の中で異なる尺度を用いる場合には，その異なる尺度をその図の付近に記入する．

1.7　線

Point
・機械製図で用いられる線の種類と表し方について**理解する**．

品物の構造および形状を描く際には，もちろん線を使って表示するが，図中に品物の寸法を記入するときなど，形状を描く以外でも線が使われる．その際，線の種類や太さを使い分けて表示することで，品物を製作するうえで必要な情報を製作者に的確に伝達することが可能となる．そのため製図を行う際には，線の種類と用途の関係を熟知しておく必要がある．

1 線の種類

機械設計製図で用いられる線の形には，表 1-7-1 に示す 4 種類がある．すなわち，**実線**，**破線**，**一点鎖線**，**二点鎖線**である．

表 1-7-1　機械製図で用いられる線の形

線の形	線の名称	線の表し方
────────	実線 （じっせん）	連続した線
─ ─ ─ ─ ─ ─ ─	破線 （はせん）	一定長さの短い線（約 3 mm）を一定間隔（約 1 mm）で並べた線
───── ・ ─────	一点鎖線 （いってんさせん）	一定長さの線（約 20 mm）と一つの点（長さ約 1 mm）とを交互に一定間隔（約 1 mm）で並べた線
──── ・・ ────	二点鎖線 （にてんさせん）	一定長さの線（約 15 mm）と二つの点（長さ約 1 mm）とを交互に一定間隔（約 1 mm）で並べた線

2 線の太さ

線の太さについては，**細線**，**太線**の 2 種類の太さが用いられる．このとき細線の太さを 1 とすると太線の太さは 2 倍以上でなければならない．また，必要に応じて**極太線**を用いる場合には，極太線の太さは，太線の 2 倍の太さにすることになっている．なお，太さの基準（JIS Z 8316）は，0.25 mm，0.35 mm，0.5 mm，0.7 mm，1.0 mm，1.4 mm，2.0 mm である（おおよその目安として細線（0.3 ～ 0.35 mm），太線（0.7 mm），極太線（1.4 mm）で描くことを推奨）．

 **3 線の用途**

これらの線の種類と太さを組み合わせることで，さまざまな意味をもつ線が構成される．JIS Z 8316 では，用途ごとに表 1-7-2 に示す線を用いて図面を描くことが定められている．

以下にその代表的なものを図示して紹介する．

1 実 線

① **外形線**（太い実線）

対象物の見える部分の形状を示す際に用いる（図 1-7-1 の A1，A3）．

② **寸法線**および**寸法補助線**（細い実線）

寸法線は，文字どおり対象物の寸法を記入するための線で，通常は両端に矢印を付ける．また，寸法補助線は，寸法を記入するために図形から引き出して用いられる（図 1-7-1 の B2，B3）．

③ **引出線**（細い実線）

加工上の注意書その他を書く場合や，部品番号の記入の場合に使う線で，先端に矢印を付ける（図 1-7-1 の B4）．

表 1-7-2 線の形と太さの組合せと用途の関係

線の名称	線の形状	線の種類	太さ	用 途	図 1-7-1 の番号
外形線	———	実線	太い	見える部分の形状を表す線 仮想の貫通線	A1 A3
寸法線		実線	細い	寸法記入のための線	B2
寸法補助線				寸法記入のため図形から引き出す線	B3
引出線				記号・記述などを示すための線	B4
ハッチング				断面を示す線	B5
回転断面線				回転断面の外形線	B6
中心線				短い中心線	B7
破断線	～～～	フリーハンドの実線		対象物の一部を取り去ったときの境界を表す線	C1
	～／～／～	ジグザグの実線			D1
かくれ線	– – – –	破線	太い 細い	かくれた部分の外形線	F1
特殊指定線	—・—・—	一点鎖線	太い	特殊な加工の範囲などを表す線	J1
中心線	—・—・—	一点鎖線	細い	図形の中心を表す線	G1
				移動した軌跡を表す線	G3
				対称を表す線	G2
ピッチ線				繰り返し図形のピッチとなる線	図 1-7-2
切断線		一点鎖線	細い*	断面図を描く際に断面位置を示す線	図 1-7-3
想像線	—・・—・・—	二点鎖線	細い	隣接する部分を参考に示す線	K1
				可動部分の位置や限界を示す線	K2
重心線				重心を連ねた線	K3

* ただし，端部および方向の変わる部分を太くしたもの．

④ **破断線**（フリーハンドの細い実線，または細いジグザグ線）

対象物の一部を破った境界，または一部を取り去った境界を表すのに用いられる（図1-7-1のC1，D1）.

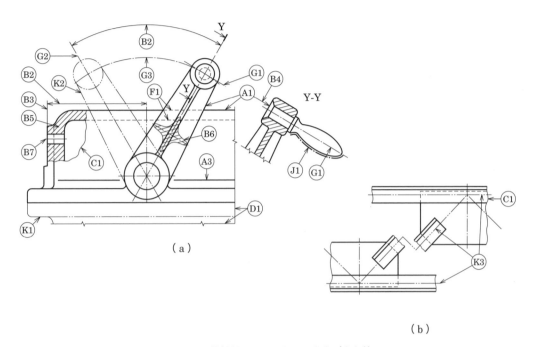

（a）

（b）

図1-7-1　機械製図に用いられるさまざまな線

2　破線

かくれ線（細いまたは太い破線）

対象物の見えない部分の形状を示す際に用いる（図1-7-1のF1）.

3　一点鎖線

① **中心線**（細い一点鎖線）

図形の中心，あるいは円の中心を示す際に用いる線（図1-7-1のG1，G2）.

② **ピッチ線**（細い一点鎖線）

繰返し図形のピッチをとる基準となる線で，数個の穴が1組となって同一円周上に配置されるような場合の円周を示す円をピッチ円という（図1-7-2）.

③ **切断線**（細い一点鎖線）

断面図を描く場合，その断面位置を対応する図に示す線（図1-7-3のA-A）.

④ **特殊指定線**（太い一点鎖線）

品物の一部に特殊な加工を施す場合，その範囲を指定する線を外形線に平行にわずかに離して引く（図1-7-1のJ1）.

4　二点鎖線

① **想像線**（細い二点鎖線）

図示された断面の手前にある部分を表す場合や隣接する部分，可動部の位置や限界を参考に表す際に用いる線（図1-7-1のK1，K2）.

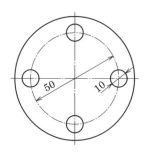

図 1-7-2 穴の位置を表すためのピッチ線

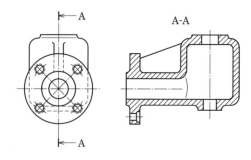

図 1-7-3 断面を描く場合の切断線

② __重心線__（細い二点鎖線）

軸に垂直な断面の重心を連ねた線（図 1-7-1 の K3）．

1.7 ❹ 線の使い分けの一例

　図 1-7-4 は，すべて同じ線種で描いた図と，線の種類を正しく使い分けて描いた図を比較したものである．図面を作成する際には，異なる種類と太さの線を使い分けて表示することで，形状，内部構造，寸法などをわかりやすく表示することが可能となる．

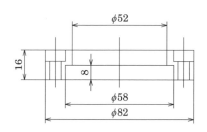

（a）すべて同じ線種で描いた図

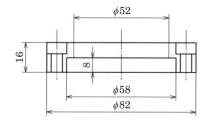

（b）線の種類を正しく使い分けて描いた図

図 1-7-4 線の種類と使い分けの一例

1.8 文　字

Point
・図面に記入する文字の大きさや書体について理解する．

1.8 ❶ 製図で用いる文字

　図面には，その図面の目的に応じて図形に加え，寸法や記事・記号などの非図形情報が書き込まれる．これらの製図に用いる文字は，エンジニアが図面を読む際に誤読を防ぐために，以下の基本事項に従うことと規定されている（JIS Z 8313 ならびに ISO/FDIS 3098）．

- ・読みやすい
- ・均一である
- ・マイクロフィルム撮影および他の写真複写に適している

　これらを満たすために，使用される文字は，文字間の混同がなく見分けられるように明瞭で，かつ形状に特徴を付けており（表1-8-1），縮小複写時にも読み取れるように，文字および数字の間のすきま a は線の太さ d の2倍とされている（図1-8-1）.

　図面中に用いる漢字は常用漢字表によるのがよく，16画以上の漢字はできる限り仮名書きとする．また，仮名は，平仮名または片仮名のいずれかを用い，一連の図面において混用はしない．ただし，ポンプやピストンのような外来語表記による片仮名を用いることは混用とはみなさない.

2 文字の大きさ

　文字の大きさを均一とするため，**文字の高さ h が大きさの基準値**に規定されている（JIS Z 8313-0）．以下に各種文字の基準値を示す（なお，$\sqrt{2}$ の大きさの比率は，標準数列による.）

- ・ローマ字，数字および記号　(2.5[※1])，3.5，5，7，10，(14[※2])，(20[※2]) mm
- ・漢字　　　　　　　　　　　(3.5[※1])，5，7，10，(14[※2])，(20[※2]) mm
- ・仮名　　　　　　　　　　　(2.5[※1])，3.5，5，7，10，(14[※2])，(20[※2]) mm

　これらの高さ h を基準とした比率で，線の太さ d や文字間のすきま a の推奨値が定められている．文字の高さ h と線の太さ d の**比率 d/h は，1/14（A形書体，漢字）および1/10（B形書体，仮名）が標準値**とされている．表1-8-1にA形書体（$d/h =$ 1/14）の比率例を示す．漢字，仮名に関しては，図1-8-1に示すように，高さ h を基準とした基準枠に外形輪郭が収まるように描く（JIS Z 8313-1および5）.

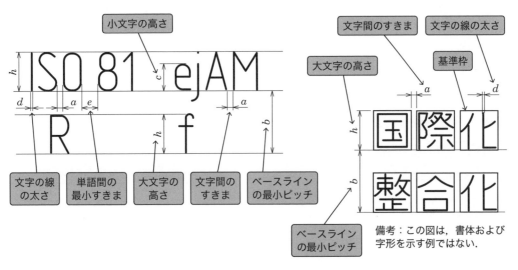

図1-8-1　文字の大きさ

※1　鉛筆書きの場合は注意を要するサイズ.
※2　JIS B 0001（機械製図）では推奨されていない.

表 1-8-1　A 形書体（$d = h/14$）

区　分		比　率	寸　法						
文字の高さ（柄部または尾部を除く）									
大文字の高さ	h	$(14/14)h$	2.5	3.5	5	**7**	10	14	20
小文字の高さ	c	$(10/14)h$	–	2.5	3.5	**5**	7	10	14
文字間のすきま	a	$(2/14)h$	0.35	0.5	0.7	**1**	1.4	2	2.8
ベースラインの最小ピッチ	b	$(20/14)h$	3.5	5	7	**10**	14	20	28
単語間の最小すきま	e	$(6/14)h$	1.05	1.5	2.1	**3**	4.2	6	8.4
文字の線の太さ	d	$(1/14)h$	0.18	0.25	0.35	**0.5**	0.7	1	1.4

芯の太さ 0.5 mm のシャープ
ペンシルを使用した場合

JIS B 0001
（機械製図）では
推奨されていない

（単位：mm）

　例えば，図面の中で多数を占める寸法数字に文字高さ 7 mm を採用した際には，A 形書体（$d = h/14$）の文字の太さの推奨値は 0.5 mm となり，一般に流通している芯の太さ 0.5 mm のシャープペンシルで寸法記入することができる（表中の太線囲み）．

　なお，図面中の一連の記載に用いる文字の大きさの比率は，次のようにすることが望ましい．

（漢字）：（仮名）：（ローマ字，数字および記号）：（仮名のよう音，促音）
$= 1.4 : 1.0 : 1.0 : 0.7$

1.8 3 書体例とその特徴

　図 1-8-2 にローマ字，数字ならびに記号の A 形斜体文字と A 形直立体文字の書体例（JIS Z 8312-1）を示す．「1」，「7」，「I」および「l」や「5」と「S」など各文字が類似しないように特徴づけていることがわかる．なお，図に示すように JIS ならびに ISO では，直立体と斜体のいずれも許容されているが，一連の図面において混用せず統一する．

傾き角
75°

ABCDEFGHIJKLMNOPQRSTUVWXYZ
aabcdefghijklmnopqrstuvwxyz
[(!?,"–=+×√%&)]⌀012345677889IVX

ABCDEFGHIJKLMNOPQRSTUVWXYZ
aabcdefghijklmnopqrstuvwxyz
[(!?,"–=+×√%&)]⌀012345677889IVX

＊　a および 7 の字形は，いずれもレタリング
　　の規定に一致している．
参考：現国際規格では，"どちらを選択するかは
　　　国家機構に任されている" としている．
　　　この規格では，いずれの書体を用いても
　　　よいことにする．

＊　a および 7 の字形は，いずれもレタリング
　　の規定に一致している．
参考：現国際規格では，"どちらを選択するかは
　　　国家機構に任されている" としている．
　　　この規格では，いずれの書体を用いても
　　　よいことにする．

（a）A 形斜体文字の書体 　　　　　　　　　（b）A 形直立体文字の書体

図 1-8-2　A 形文字の書体

漢字・仮名の書体に関しては，従来，彫刻盤により文字を彫刻する際の字形を定めた規格である機械彫刻用標準書体（JIS Z 8903，8904 および 8906）が図面内で彫刻加工指示とともに用いられ，直線で構成される字形で記載されることが多いが，ISO 整合化作業が進む現在は，製図用の文字としては基準枠のみ規定されている．

1.9 投 影 法

Point
・投影法の種類について理解する．

1.9 1 図示図面と絵画的表現の利用場面

工場などの製造現場においては，製作図面に従って品物を加工し，組み立てる．この製作図面は，**図示図面**といわれる図面上に，品物の特定の二次元面から見た品物と同じ実形状・実寸法で記載されている．これにより製造ミスを軽減し，品質検査をスムーズにしている．

一方，製品セールス時や操作説明書の記載には，購入客が製図技能を持ち合わせていなくても製品の外観やしくみが理解しやすい三次元投影図（図 1-9-1 は JIS Z 8315-4 による）による説明が有用である．

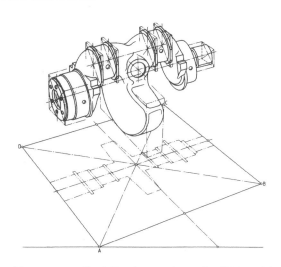

図 1-9-1　エンジンクランクシャフトの三次元投影図の例

このように目的に合わせて製品を平面上に三次元像で表す**絵画的表現**は各種存在しており，独自の長所がある一方で，用語の不統一や矛盾した使われ方が存在していた．近年では機械設計の実務現場においても，三次元像を用いた **CAD（computer aided design）** の進歩発展に伴い，ディスプレイ画面上で品物を三次元的に回転させながら形状を作成・確認し，製品組立時の部品間の干渉確認なども実施する．設計完了後に，三次元設計データから先に述べた製造現場用の二次元製作図面に変換したり，取扱説明

書やサービスマニュアルに必要な分解立体図などへ変換したりする工程も，機械エンジニアの業務に含まれる．また，開発・試験現場では，他のエンジニアと意見交換する際にポンチ絵を書いて利用する場面もある．そのような場面において，誤解を防ぎ，理解を促進させるために 1996 年に ISO 5456 が発行され，JIS Z 8315（製図-投影法-）として翻訳発行された．エンジニアはこの投影法の特徴を十分理解したうえで，利用目的に応じて図示図面と絵画的表現を使い分けることが重要である．

2 投影法の種類

投影法は，**投影線の種類（投影中心）**，**投影線と投影面の位置関係**ならびに**対象物（その主たる形体）の位置**の 3 要素の組合せによって定義される．

1 投影線の種類（投影中心）

投影中心を対象物から無限の距離に置いたとき，そこから発した投影線は品物に到達した際，**平行投影線**になる．一方で，投影中心を対象物から有限な距離に置いたときは，放射状または特定点に収束する**収束投影線**になる．

2 投影線と投影面の位置関係

投影線に対して図面として切り取る投影面をどう配置するかを示し，投影線に対して投影面を直角に置くことで**直角投影**，斜めに置くことで**斜投影**となる．

3 対象物（その主たる形体）の位置

"投影面に対して"対象物を平行または直角，もしくは斜めの位置のいずれかに置く．

これら 3 要素の相互関係と投影の種類を表 1-9-1 に示し，次項以降に各投影の特徴を述べる．

表 1-9-1　投影方式

投影中心	投影線に対する投影面の位置関係	主投影面と対象物の位置関係	投影面の数	図面の次元	投影の種類対応 JIS	本書での記載項
無限の距離（平行投影線）	直角	平行または直角	1 または複数	二次元	正投影 Z 8315-2	1.9 節 3 項 2.1 節
	斜	斜	1	三次元	軸測投影 Z 8315-3	1.9 節 4 項の 1
		平行または直角	1	三次元		1.9 節 4 項の 3
		斜	1	三次元		1.9 節 4 項の 2
有限の距離（収束投影線）	斜	斜	1	三次元	透視投影 Z 8315-4	1.9 節 5 項

3 正投影

正投影は，平行な投影線を用いて描かれ二次元の平面図形となる（図 1-9-2）．一つの投影図で対象物の一面だけを表すため，立体である対象物を完全に表現するためには 6 方向からの投影図を作成する必要がある．しかし，投影される面に関しては，実際の対象物と全く同様の形状ならびに寸法を図面上に再現できるため，図示図面としては広く用いられており，機械製図において最も基本となる投影法である．正投影法については 2.1 節で詳細に説明する．

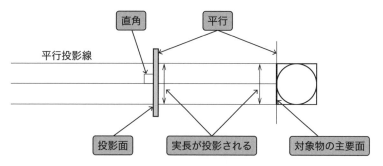

図 1-9-2　正投影法の要素配置

4 軸測投影

軸測投影は，対象物を代表する縦軸が投影面内で上方向を向くように配置することが共通事項となる．そのうえで，対象物の傾き方ならびに投影線に対する投影面の位置関係により複数の投影法が存在するが，製図用には，以下に紹介する三つの投影法が推奨されている．

1 等角投影

等角投影は，図 1-9-3 に示すように対象物の対角線が水平になるまで傾けることで，投影面から見たときの対象物を構成する各面のなす角が 120° で 3 等分して表示する投影法である．この等角投影の利点は，立体の 3 面を一つの投影図で表現できる点にある．一例として，各面に円が描かれた立方体の等角投影を図 1-9-4 に示す．

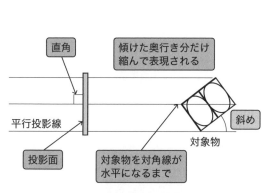

図 1-9-3　等角投影の要素配置（側面からみた場合）

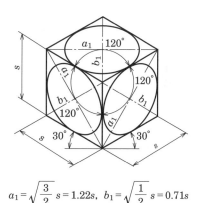

$$a_1 = \sqrt{\frac{3}{2}}\, s = 1.22s, \quad b_1 = \sqrt{\frac{1}{2}}\, s = 0.71s$$

図 1-9-4　立方体の等角投影
（JIS Z 8315-3 より作成）

実際の等角投影図では，対象物を傾けた奥行き分だけ軸測長である一辺の長さ s は，実長に対して $\sqrt{2/3} \fallingdotseq 0.816$ 倍縮小されるため，作図時に実長からの計算の手間がかかる．そのため，s を実長として簡便に作図する場合が多く，これは $\sqrt{3/2} \fallingdotseq 1.225$ 倍に拡大した対象物を表現したことと同じとなる．このように，s を実長で作図した図面を**等角図**と呼称して区別する場合もある．

等角投影を利用する場合は，図 1-9-5 に示す市販の斜方眼紙を利用するのが便利である．

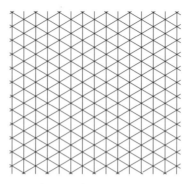

図1-9-5　斜方眼紙（アイソメトリックグラフ）

2　二等角投影

二等角投影の投影要素配置は，図1-9-6に示すように投影面と投影線が直交しない配置となる．等角投影と同様に一つの投影図で3面を表現するものであるが，二等角投影は，対象物の主要な1面の形状が特に重要なときに使用する．そのため主要な1面を構成する二辺に対して奥行き方向の一辺の長さを1/2にすることにより，主要な面を強調表示している（図1-9-7はJIS Z 8315-3による）．

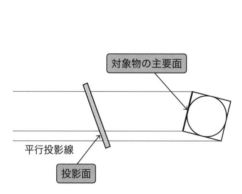

図1-9-6　二等角投影の要素配置

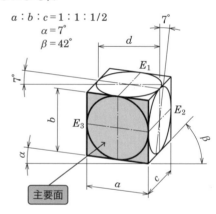

図1-9-7　立方体の二等角投影

3　斜投影

斜投影は，図1-9-8に示すように投影線を投影面に斜めに当てるとともに，投影面を対象物の主要な面と平行に置く．これにより，主要面を構成する縦横の2軸に関しては尺度が同じになり，その軸の直交は保持されるので，対象物の実形状を示すことが

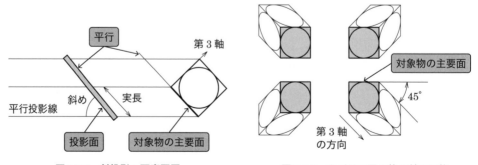

図1-9-8　斜投影の要素配置

図1-9-9　カバリエ図の第3軸の四態

可能である．奥行き方向に投影された第3の軸方向および尺度は任意であるが，次の2種類の斜投影が一般的である．

①　**カバリエ図**

第3軸の方向は直交投影時に対して45°になるようにし，各軸の尺度を同等とする．このため各軸とも実寸で記入できるが，第3軸に沿った形状のつり合いが著しくゆがめられる．例として，立方体のカバリエ図は，図1-9-9のように，投影された第3軸の45°のとり方によって四つの場合がある．

②　**キャビネット図**

主要面を構成する2軸に対して投影された第3軸上の尺度を1/2にすることを除き，カバリエ図と同じである．奥行きの尺度を1/2にすることによって形状のつり合いがよいものとなる（図1-9-10はJIS Z 8315-3による）．

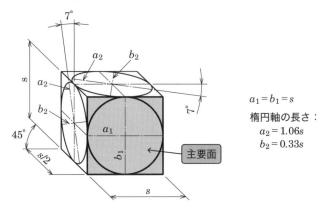

$$a_1 = b_1 = s$$
楕円軸の長さ:
$$a_2 = 1.06s$$
$$b_2 = 0.33s$$

図1-9-10　立方体のキャビネット図

5　透視投影

透視投影とは，投影面から有限の距離にある点（視点）から対象物を投影して，対象物を眼で見るのに近い絵画的な表現をするものである（図1-9-11はJIS Z 8315-4による）．一方で，対象物の実際の長さを表すことができず，描画が複雑になるなどの理由により，建築関係の図面以外にはあまり使用されていない．

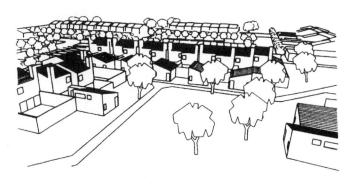

図1-9-11　3消失点による住宅街の外部空間の透視投影

1.10 用器画法

Point
・平面図形や立体図形の描き方を理解する．

　　用器画法とは，製図用具を用いて，紙の上に図法幾何学に基づいた平面図形や立体図形を描くことである．設計現場では CAD 上での設計が中心であるが，実験現場など CAD 端末がない環境下でポンチ絵を描く際にも，この画法に基づいて記述することにより，誤解を招きにくい図を描画できるので，エンジニアとしては習得しておくことが必要である．

1.10.1 平面幾何画法

　　基礎的な**平面幾何画法**については次のとおりである．

　　・垂直二等分線を描く法

　　・角の二等分線を描く法

　　・垂線を描く法

　　以下に，機械製図の作図時においてよく利用される平面幾何画法の手順を紹介する．

1 定直線を任意の数に等分する法

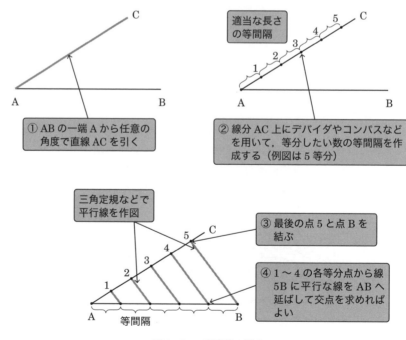

図 1-10-1　定直線の等分

2 与えられた2直線に接する一定半径の円弧を描く法

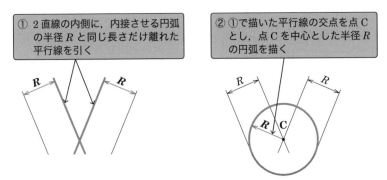

① 2直線の内側に，内接させる円弧の半径 R と同じ長さだけ離れた平行線を引く

② ①で描いた平行線の交点を点 C とし，点 C を中心とした半径 R の円弧を描く

図 1-10-2　2直線に接する一定半径の円弧

3 （一直線上にない）与えられた3点を通る円を描く法

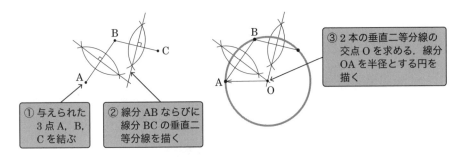

③ 2本の垂直二等分線の交点 O を求める．線分 OA を半径とする円を描く

① 与えられた3点 A，B，C を結ぶ

② 線分 AB ならびに線分 BC の垂直二等分線を描く

図 1-10-3　与えられた3点を通る円

4 円に内接または外接する正六角形を描く法

六角ボルト頭部の描画に利用する．

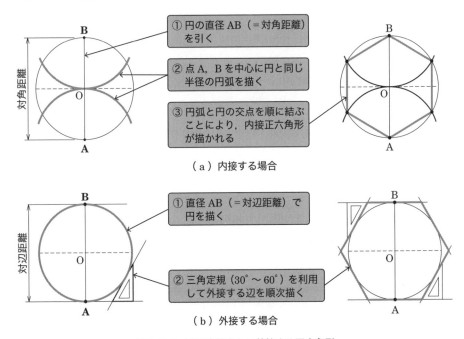

① 円の直径 AB（＝対角距離）を引く

② 点 A，B を中心に円と同じ半径の円弧を描く

③ 円弧と円の交点を順に結ぶことにより，内接正六角形が描かれる

（a）内接する場合

① 直径 AB（＝対辺距離）で円を描く

② 三角定規（30°〜60°）を利用して外接する辺を順次描く

（b）外接する場合

図 1-10-4　円に内接または外接する正六角形

5 **だ円を描く法（近似描画）**

1.9 節の軸測投影の等角投影などでは，投影面に対して傾いた面にある円筒形状や穴は，投影面にはだ円として表現される．ここでは，その際に用いるだ円の近似描画を描く手順を示す．

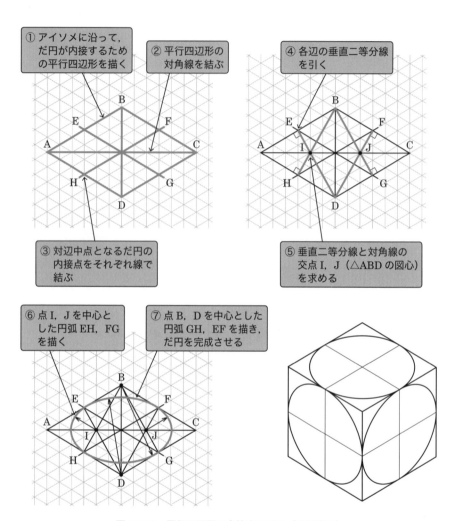

図 1-10-5　平行四辺形に内接するだ円（近似描画）

1.10
2 **立体幾何画法**

立体幾何画法は，1.9 節で示した投影法も含めて多様な項目がある．ここでは，投影法以外で機械製図分野によく使用する立体幾何画法を述べる．

1 **立体の展開図**

立体の表面を切り開いて，一平面上に延ばして置いた図形を**展開図**という．展開図は平面的な素材を加工していく板金加工の図面などに用いられる．展開図は立体の各面の実形の連続であり，平面の多面体の場合は完全な展開図を得られるが，曲面の場合は必ずしもそうではない．

（a）正四面体の展開図

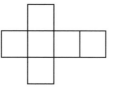

（b）正六面体の展開図

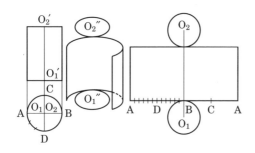

（c）円柱の展開図

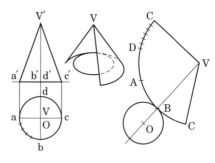

（d）円すいの展開図

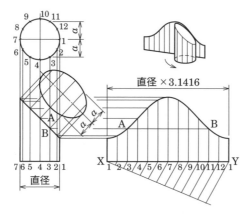

（e）斜めの平面で切断した円筒の展開図

図 1-10-6　さまざまな立体の展開図
（大西清：JIS にもとづく標準製図法（第 15 全訂版），オーム社，2019）

2　立体の相貫

　複数の立体が相互に交わって貫通したものを**相貫体**という．この立体同士の交わっている部分は幾何学的な交線となり，これを**相貫線**という．図 1-10-7 に典型的な相貫図を示す．投影図上に相貫線を表現する場合は略画法を使う場合もあるが，より実物に近い形状表現が必要な場合には，各投影図相互の対応関係を用いて作図する．図 1-10-8 に投影図に相貫線を描く手順例を示す．

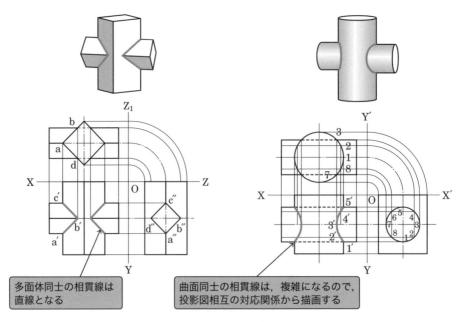

多面体同士の相貫線は
直線となる

曲面同士の相貫線は，複雑になるので，
投影図相互の対応関係から描画する

図 1-10-7　相貫図
（大西清：JIS にもとづく標準製図法（第 15 全訂版），オーム社，2019）

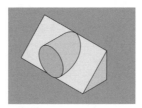

三角柱に円柱が相貫している

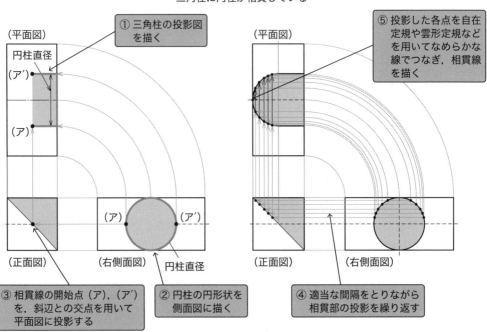

（平面図）

① 三角柱の投影図
を描く

円柱直径

（ア′）

（ア）

⑤ 投影した各点を自在
定規や雲形定規など
を用いてなめらかな
線でつなぎ，相貫線
を描く

（平面図）

（正面図）　　　（右側面図）
　　　　　　　円柱直径

③ 相貫線の開始点（ア），（ア′）
を，斜辺との交点を用いて
平面図に投影する

② 円柱の円形状を
側面図に描く

（正面図）　　　（右側面図）

④ 適当な間隔をとりながら
相貫部の投影を繰り返す

図 1-10-8　投影図に相貫線を描く手順

第 **2** 章

機械製図法

2.1 正投影法

Point
・製図で用いられるいろいろな投影法の原理と実際を理解する.
・実際の製図におけるさまざまな規則を理解する.

　製図の目的は，端的にいえば立体的な物体の形状を平面に表すことである．この目的のために用いられるのが**投影法**であるが，これら投影法のうち，製図には**正投影法**が標準的に用いられる（JIS Z 8316）.

　ただし，厳密にいえば正投影法とは画法幾何学上の概念であり，製図の規則は必ずしもこれに完全に従っているとは限らないので，注意されたい．例えば，画法幾何学では，投影対象物のすべての面は同等であり，すべての面を投影する必要があるが，機械製図では，最も主要な部分（面）を主投影図（正面図）として選んだうえで，それ以外の投影面については，「完全に対象物を規定するのに必要かつ十分な数とする」，また「可能な限り隠れた外形線およびエッジを表現する必要のない投影図を選ぶ」と定められており，必ずしもすべての面を描くわけではなく，描画する面の選択も，投影対象物の形状や機能に応じて適切に選択される必要がある．

2.1.1 主投影図（正面図）

　JIS B 0001 では「**主投影図**として，対象物の形状・機能を最も明瞭に表す投影図を描く」と規定されている．また，その状態（描画するときの向き）も，「組立図など，主として機能を表す図面では，対象物を使用する状態」，「部品図など，加工のための図面では，加工に当たって図面を最も多く利用する工程で，対象物を置いた状態」，「特別の理由がない場合には，対象物を横長に置いた状態」と規定されている．

　図 2-1-1 は加工と正面図の関係を表す図である．(a) が旋盤によって中ぐり加工をする場合の例，(b) がフライス盤により溝加工をする場合の例である（ただし，断面図（後述）となっている）.

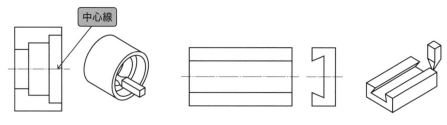

中心線

（a）旋盤加工部品の例　　　　　　　　　　（b）フライス盤加工部品の例

図 2-1-1　加工と正面図の関係

2 第三角法と第一角法

　正投影法には，投影面を投影対象の手前に置く**第三角法**と，投影対象の向こう側に置く**第一角法**とがある．両者に明確な優劣はないが，JIS B 3402（CAD機械製図）では「第三角法を用いる．ただし，第一角法による場合は（中略）第一角法の記号を表題欄に指示する」とあり，特に理由がなければ第三角法を用いると定められている．しかし，ISOでは両者の間に優先の定めはなく，ヨーロッパや中国などでは第一角法が一般的に用いられている．図2-1-2に第三角法および第一角法であることを表す図記号を示す．この記号は，図面で用いる文字の高さ h を呼び寸法として，各部の寸法が規定されている．その規定を表2-1-1に示す．

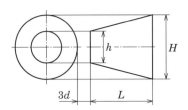

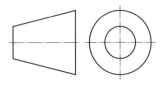

（ａ）第三角法と各部寸法　　　　　　　（ｂ）第一角法

図 2-1-2　第三角法・第一角法であることを示す図記号

表 2-1-1　第三角法を示す図記号の各部の寸法

線の太さ d	0.35	0.5	0.7	1	1.4	2
円すいの直径（小）h	3.5	5	7	10	14	20
円すいの直径（大）H	7	10	14	20	28	40
長さ L	7	10	14	20	28	40

（単位：mm）

　図2-1-3に（第三角法で示した）投影図の名称を示す．(a) 方向の投影が**正面図**（主投影図）であり，以下 (b) **平面図**，(c) **左側面図**，(d) **右側面図**，(e) **下面図**，(f) **背面図**と称している（JIS B 0001）．一般的に，正面図，右側面図，平面図は，形状を適切に表すことができるため，**三面図**と呼ばれている．

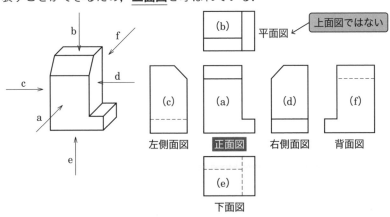

図 2-1-3　投影図の名称

3 矢示法

第三角法と第一角法では，各投影面の配置は厳密に定められている．しかし，紙面の都合その他の理由でこれに従えない場合は，正面図に**投影方向を表す矢印**とその方向の**投影面を示すアルファベット**を記入し，別の所に（投影面を示すアルファベットを付記して）その方向の投影面を描くことが認められている．これを**矢示法**と呼ぶ.

2.2 さまざまな形状表示

Point
・正投影法を補うさまざまな投影法を理解する.
・断面図法，省略法など合理的な表示法を理解する.

　機械製図は正投影法に基づき，第三角法か第一角法いずれかに従って作図を行うのが原則である．しかし，この原則に厳密に従うと，例えば次のような場合に，かえって対象物の詳細がわかりにくくなる場合がある.

① 正投影すると斜めに投影される面が対象物にあり，かつその面上に加工がある.
② ごく一部を除き対称な形状であり，投影するとほぼ同一形状となる面が複数ある.
③ 中心軸の周りに放射状に加工がされており，正投影すると斜めに投影される.
④ 一部に非常に細かい加工があり，全体を倍尺で描くと大きくなりすぎる.
⑤ 対象物が中空になっており，かくれ線を使っても形状が十分に描画できない.
⑥ 対象物が線対称・軸対称，または繰返しが多数あり，同一形状を複数描く.
⑦ 対象物に対し加工前の形状などの実在しない線を加えるとわかりやすい.
⑧ 対象物の一部にわかりにくい加工があり，特に図示しないと誤解を招くおそれがある.

　このような場合，図面の理解・作図を容易にするため，製図の原則から外れた製図規則を適用する．本節では，そのような正投影法の原則に則らない形状表示法について解説する.

1 補助投影

　正投影すると斜めに投影される面が対象物にあり，かつその面上に加工があるような場合（本節冒頭①）の，その面に平行に投影面を置き，そこに投影した形状を示すと，正確な形状を表すことができる．そのようにして投影した面を図中に追加することを**補助投影**という．図2-2-1に補助投影を含む図の例を示す．正面図右上の斜面を，その斜面に対向する位置に斜めに置かれた補助投影面に投影することで，斜面上の穴が正確な円に描かれていることに注目されたい.

　ただし，紙面の都合などで，図2-2-1のように補助投影図を斜面に対向する位置に配置できない場合，矢示法または折り曲げた中心線で結ぶことにより投影関係を示すことが認められている（図2-2-2）.

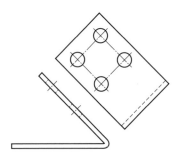

図 2-2-1　補助投影の併用

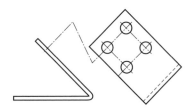

（a）中心線を折り曲げて描画　　　　　　（b）矢示法による描画

図 2-2-2　補助投影法を用いた例

2 部分投影

　補助投影を行うような対象物の場合，しばしば（対象物の）どこまで投影するかが問題となる．各投影面において，形状の一部のみを示せば足りる場合は，その必要な部分だけを表し，省いた部分との境界を破断線で示せばよい．これを**部分投影**という．図 2-2-3 に部分投影図の例を示す．

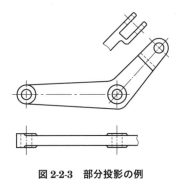

図 2-2-3　部分投影の例

3 局部投影

　全体形状がごく一部（キー溝，穴）を除き対称な対象物の場合，投影すると複数の面（例えば，正面図と平面図，正面図と右側面図）がほぼ同一形状となる（本節冒頭②）．このような場合，正面図以外の投影面についてはその一部形状のみ示すことにすれば，作図の手間を減らし，理解が容易となる．これを**局部投影**という．投影の関係は，主となる図に中心線，基準線，寸法補助線などで結び付けて示す．図 2-2-4 に局部投影図の例を示す．

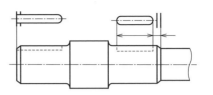

図 2-2-4　局部投影図の例

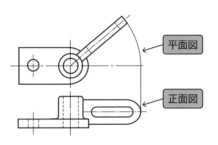

2.2 ▌4　回転投影

　中心軸のまわりに放射状に加工がされており，正投影すると加工部分は斜めに投影されてしまい，実際の形状が表れないような対象物の場合（本節冒頭③），加工部分の投影面のみを中心軸まわりに回転して作図すると，理解が容易となる．これを**回転投影**という．図 2-2-5 に回転投影図の例（JIS B 0001）を示す．この例では，平面図では穴あき部が中心軸に対し斜め 45° に取り付けられているが，正面図に描くときには，投影面を 45° 回転し，全長が表れるように描かれていることに注意されたい．なお，機械製図では，作図に使用した補助線は描画しないのが原則であるが，回転投影では，「見誤るおそれがある場合は，作図に用いた線を残す」ことが認められている．

平面図

正面図

図 2-2-5　回転投影図の例

2.2 ▌5　部分拡大図

　ごく一部に細密な加工がある対象物の場合，原寸で書くと細密部が描けず，倍尺で描くと全体が過大となる（本節冒頭④）．このような場合，該当部分を細い実線で囲み，アルファベットの大文字で表記したうえで，該当部分の拡大図を（表記と尺度を付記して）別のところに描くことができる．これを**部分拡大図**という．図 2-2-6 に部分拡大図の例（JIS B 0001）を示す．

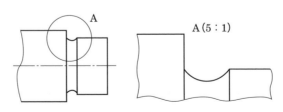

A

A（5：1）

図 2-2-6　部分拡大図の例

6 断面図

　機械設計において，対象物が中空になっており，かくれ線を使っても形状が十分に描画できないような対象物（本節冒頭⑤）は，普遍的に存在する．このような場合，それぞれの投影面において，外形をそのまま投影する代わりに，対象物を投影面に平行な仮想的な**切断面**で切断し，その手前部分を取り去った断面を投影することで，対象物の内部形状を示すことが認められている．これを**断面図**という．

　したがって，断面図とは外形をそのまま描く**外形図**に対立する概念であり，個々の投影面に対し独立に適用可能である（例えば「正面図を断面図で描き，右側面図と平面図は外形図で描く」など）．ただし，作図上いくつかの留意点があるので注意されたい．例えば，

①　断面図は単に「切断面＝切り口」を描くのではなく，「仮想的な切断面で切断し，その手前部分を取り去った断面を投影する」ことになっている．したがって，「切断面には現れないが，切断面より奥に見える外形線」もそのまま投影されなければならない．また，切断するのはあくまで「仮想的に」であり，ある面を断面で作図した場合も，それ以外の面を（外形図で）作図する際には，対象物本来の形状で作図する．

②　機械部品の中には「断面図では作図しない」と定められているものがある．

　a）断面にするとかえってわかりにくくなるもの：リブ，アーム，歯車の歯など．

　b）断面にしても意味がないもの：軸，ピン，ボルト，ナット，座金，小ねじ，キーなど．

　c）断面図であることを明示するために切断面を**ハッチング**する場合があるが，同一部品の同一切断面には同一のハッチングを施し，隣接する別の切断面には向きや角度を変えたハッチングを施し，区別する．

　図2-2-7に断面図の例（JIS B 0001）を示す．ただし，同図では軸受を例示しているが，軸やキー，歯車のアームや歯などの「断面にしない部品」も含まれている．そこ

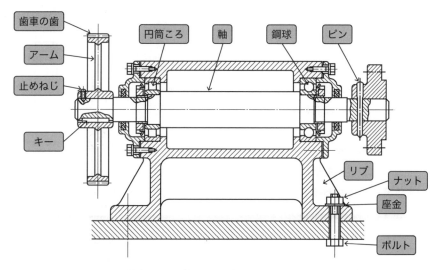

図2-2-7　断面図の例（断面図と「断面にしない部品」が混在）

で，わかりやすくするため，あえて切断面にハッチングを施してある．ハッチングの施されていない部分は切断面ではないことに注意されたい．

断面図は中空部のある機械部品や組立図の描画にきわめて有効な作図法であるが，機械部品の形状によっては，単に一平面で部品全体を切断するだけではなお不十分な場合がある．そのため，最も基本的な「一平面で部品全体を切断する」方法以外にも，いくつかの画法が定められている．

1 全断面図

最も基本的な「一平面で部品全体を切断した図」．対象物の基本的な形状を最もよく表せるよう，中心線などの基準線で切断するのが一般的であるが，必要に応じて異なる切断面を設けてよい．ただし，その場合には切断位置を表す**切断線**を他の投影面に示すこと．図2-2-8，図2-2-9に**全断面図**の例を示す．

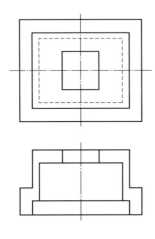

図 2-2-8 全断面図の例

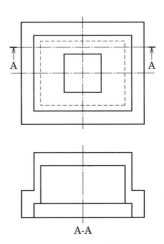

A-A

図 2-2-9 全断面図で切断位置を示す例

2 片側断面図

軸対称な部品の場合，外形図の半分と全断面図の半分を組み合わせて表すことができる．外形図と断面図を一投影面で表すことができるので，効率的である．図2-2-10に**片側断面図**の例を示す．なお，特に理由がなければ，上下対称な部品では上半分を，左右対称な部品では右半分を断面とする．

3 部分断面図

対象物の一部を破断線で区切ることで，必要とする要所だけを断面として表すことができる．図2-2-11に**部分断面図**の例を示す．

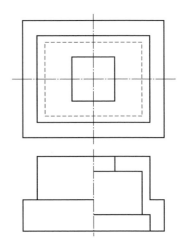

図 2-2-10 片側断面図の例

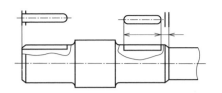

図 2-2-11 部分断面図の例

4 回転図示断面図

ハンドル，軸，構造物の部材などの切口は，90°回転させて表してもよい．図 2-2-12 ～図 2-2-14 にそれらの例（JIS B 0001 による）を示す．

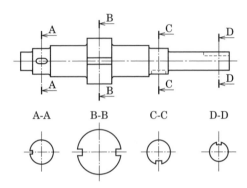

図 2-2-12 回転図示断面図の例（切断面の延長に断面を回転図示）

図 2-2-13 切断面の延長に断面図を描いた例

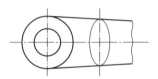

図 2-2-14 切断箇所に断面図を描いた例

5 組合せによる断面図

二つ以上の切断面を組み合わせて行う断面図．図 2-2-15 ～図 2-2-18 にそれらの例を示す（図 2-2-16，図 2-2-17 は JIS B 0001 による）．

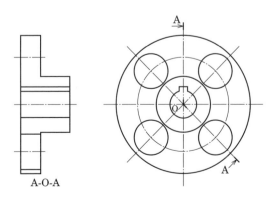

A-O-A

図 2-2-15 中心線上の断面と，これとある角度をもって切断した断面とを組み合わせた例

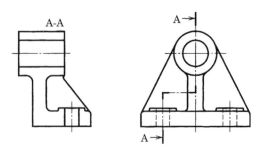

図 2-2-16　平行な二つ以上の平面で切断した断面を合成した例

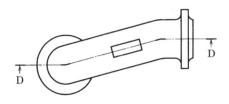

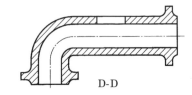

図 2-2-17　曲がった中心線上に沿って切断した例

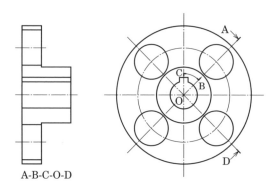

図 2-2-18　さまざまな断面図法を組み合わせた例

6　複数の断面図による図示

　複雑な形状の対象物を表す場合は，必要に応じて複数の断面図を用いてもよい．図 2-2-19 に複数の断面図を用いた例（JIS B 0001）を示す．

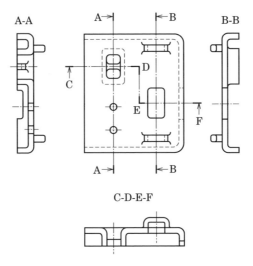

図 2-2-19　多数の断面図を用いた例

 7 **図形の省略**

　対象物が中空なためかくれ線を描いたり，線対称・軸対称であるとか，等間隔で同じ機械加工をするなどの理由で，同一形状を対称に描いたり，繰り返して多数描いたりしなければならない場合がある（本節冒頭⑥）．このような場合，原則に則って繰返し描くよりも，適宜省略することにより，作図の手間が省けるのみならず，かえって理解しやすくなることがある．このため，さまざまな省略が認められている．

① 　かくれ線は，省略しても理解を妨げない場合は，省略する（断面図などを用いる）．

② 　投影図に見える部分をすべて描くとかえってわかりにくくなる場合は，省略する（補助投影を部分投影にする，断面図において切断面の奥に見える線など）．

③ 　図形が対称な場合は，a）対称中心線の片側の図形だけ描き，その対称中心線の両端部に短い 2 本の平行直線（**対称図示記号**）を描くか，b）対称中心線の片側の図形を対称中心線を少し超えた部分まで描くか，いずれかの方法で片側を省略する．図 2-2-20 と図 2-2-21 にそれぞれの例（JIS B 0001）を示す．

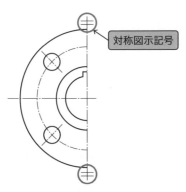

対称図示記号

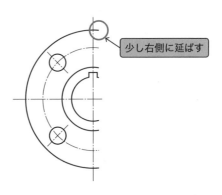

少し右側に延ばす

図 2-2-20　対称図示記号を用いて片側省略した例

図 2-2-21　対称図示記号を用いず片側省略した例

④　同種同形の図形が繰返し並ぶ場合には，1ピッチだけ実形を示し，その他は中心線とピッチ線の交点で示し，繰返し部分の数を寸法とともに記入する．図 2-2-22 と図 2-2-23 に例（JIS B 0001）を示す．

図 2-2-22　中心線を用いた繰返し図形の省略例

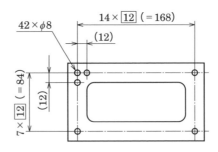

図 2-2-23　寸法記入によって交点の位置が明らかな繰返し図形の省略例

⑤　軸や構造用の部材など，同一断面形の部分が長く続いている場合は，中間部を破断線で切り取り，省略することができる．図 2-2-24 に例（JIS B 0001）を示す．

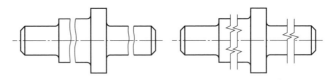

図 2-2-24　中間部の省略例

　想像線

　機械製図においては，単に対象物をそのまま描画するより，加工前の形状を示す，あるいは隣接して用いられる部品も示すなどとしたほうが理解しやすくなる場合がある（本節冒頭⑦）．このような場合，実際には存在しない形状を細い二点鎖線（**想像線**）で描くことが認められている．図 2-2-25，図 2-2-26 に例（JIS B 0001）を示す．

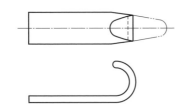

図 2-2-25　加工前・加工後の形状を想像線によって描いた例

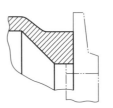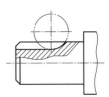

図 2-2-26　隣接した部品・加工時の工具を想像線によって描いた例

9 一部に特定の形状をもつもの

　機械部品の中には，対象物の一部にわかりにくい加工があり，特に図示しないと誤解を招くおそれがあるものがある（本節冒頭⑧）．このような場合，誤解を避けるために特定の規則に従って作図することが求められる．例えば，1）キー溝をもつボス穴，切欠きをもつリングなどは，なるべくその部分が図の上部に表せるように描く，2）図形内の特定の部分が平面であることを示す必要がある場合には，細い実線で対角線を記入する，などがある．図2-2-27，図2-2-28にそれぞれの例（JIS B 0001）を示す．

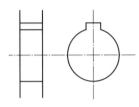

図 2-2-27　特定の形（キー溝，切欠き）を図の上部に描いた例

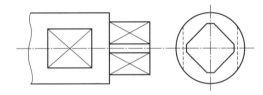

図 2-2-28　図形内の特定の部分が平面である場合の例

2.3 寸　法

> **Point**
> ・寸法の重要性を理解する．
> ・寸法記入法を理解する．
> ・寸法記入の注意点を学ぶ．

1 寸法の重要性

　投影図によって描かれた図形に形状の大きさや位置を表す必要がある．この大きさや位置の長さを**寸法**と呼ぶ．図形が正確に描かれていても，寸法記入の誤りや記入漏れがあると加工ができず，正しい部品を製作できない．

　寸法は図2-3-1のように，**寸法線**，**寸法補助線**，**端末記号**，**引出線**，**参照線**，**寸法補助記号**などを用いて示す．各線，各記号の使用法を誤ると大きさや形状の誤解を招き，支障をきたす．

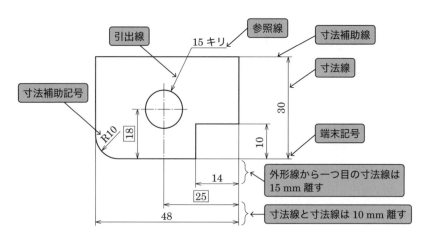

図 2-3-1　寸法記入のしかた

2 図面に示される寸法，示されない寸法

品物の寸法には，仕上がり寸法，素材寸法，材料寸法などがある．通常は特に明示しない限り，仕上がり寸法のみを図面に記入する．

① **仕上がり寸法**：製作図で意図した加工が終わった状態における品物の寸法．

② **素材寸法**：その品物をつくるため用意された鋳造品，鍛造品で機械加工される前の形状の寸法．

③ **材料寸法**：品物をつくるための材料で棒材，形材，管材，板材などの加工前の寸法．

3 寸法線，寸法補助線，端末記号

寸法の記入法は，間違いの生じることのないように，JIS B 0001 で次のように規定されている．

寸法補助線は，寸法指示する図形上の線や点から図形と接して図形の外に引き出す．**寸法線**は，寸法指示する形状の長さや位置，角度を測定する方向に平行，すなわち寸法補助線と直角に引く．また，寸法補助線の長さは寸法線との交点よりも **2 mm** 程度延ばす（図 2-3-2）．

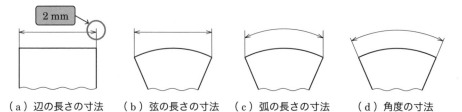

（a）辺の長さの寸法　（b）弦の長さの寸法　（c）弧の長さの寸法　（d）角度の寸法

図 2-3-2　寸法線，寸法補助線の例

寸法線の両端，すなわち寸法線と寸法補助線の交点には，図 2-3-3 のように**端末記号**（**矢印，黒丸，斜線**）を付ける．端末記号は一般的に**矢印**を用いるが，寸法補助線間が狭く矢印を付ける余地がないときは，黒丸，斜線を用いてもよい．また，矢印の開き角度は **30°** とすることが望ましい（図 2-3-3）．

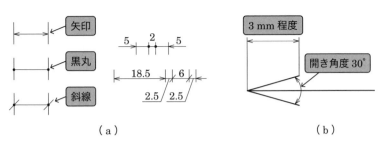

図 2-3-3　端末記号の例

【寸法線，寸法補助線の記入の注意点】

① 寸法線は図形に近い側ほど寸法の短いものとし，寸法線と寸法補助線の交差は極力避ける（図 2-3-4）．

② 寸法線同士の交差は極力避けるが，交差する場合は，寸法数値は交差する箇所に記入しない（図 2-3-5）．

③ 寸法線を他の線（外形線，中心線など）や他の線の延長線で代用してはならない（図 2-3-6）．

④ 寸法線が隣接して連続する場合は，寸法線を一直線に揃えて記入するのが望ましい．また，関連する部分の寸法も一直線上に記入するのが望ましい（図 2-3-7）．

⑤ 寸法補助線を長く引き出すとわかりにくくなる場合には，寸法線を直接図形に記入したほうがよい（図 2-3-8）．

⑥ 寸法を指示する点または線を明確にするため，必要な場合は，寸法線に対して適切な角度をもつ互いに平行な寸法補助線を引いてもよい．この角度は 60° が望ましい（図 2-3-9）．

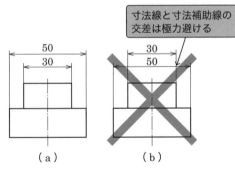

図 2-3-4　寸法線，寸法補助線の交差

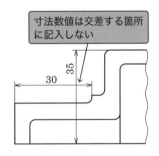

図 2-3-5　寸法線が交差したときの寸法記入

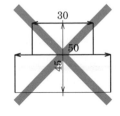

図 2-3-6　寸法線の代用は不可

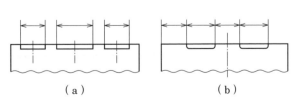

図 2-3-7　寸法線を一直線に揃えて記入する例

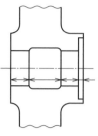
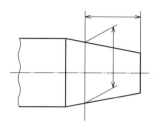

図2-3-8 寸法線を直接図形に記入する例　　　　図2-3-9 寸法の位置を明確にする例

⑦　互いに傾斜している二面の間に丸みまたは面取りが施されている場合は，丸みまたは面取りを施す以前の形状を細い実線で示し，その交点から寸法補助線を引き出す．この交点を明確に示す場合は，線を互いに交差させるか，黒丸を交点に付ける（図2-3-10）.

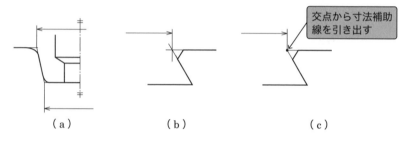

図2-3-10 互いに傾斜する二面の間の丸みまたは面取りからの寸法補助線

⑧　角度寸法を記入する寸法線は，角度を構成する二辺，またはその辺より引き出した寸法補助線の交点を中心とし，その辺または線の間に描いた円弧で表す（図2-3-11）.

⑨　角度サイズを記入する寸法線は，形状の二平面のなす角，相対向している円すい表面のなす角の間に描いた円弧で示す（図2-3-12）.

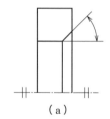
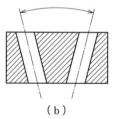
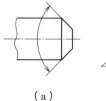
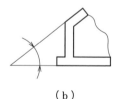

（a）　　　　　　（b）　　　　　　　　　　（a）　　　　（b）

図2-3-11 角度寸法の記入例　　　　　　図2-3-12 角度サイズの記入例

4 引出線

　図形の一部（穴，ねじなど）では，寸法を記入する場合に**引出線**を用いてもよい．引出線を引く方向は水平，垂直を避け，**必ず斜め方向に引き出す**．引出線と外形線が接するところには矢印を記入する．引出線は円筒や穴の側面図から引き出す際は，中心線と外形線の交差部から引き出し，穴の正面より引き出す際は，矢印の方向が必ず円の中心を向くように引き出す（図2-3-13）.

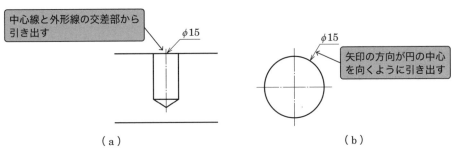

図 2-3-13　引出線

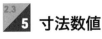

5 寸法数値

　長さの寸法の単位は **mm** で記入し，**寸法数値の後に単位を付けない**．寸法数値の小数点は下の点（．）とし，桁が多くてもコンマ（，）は付けない（例：30，20.5，45.00，10000）．

　角度の寸法の単位は**度（°）**を用い，必要のある場合には，分（′），秒（″）を併用し，**寸法数値の後に単位を付ける**（例：30°，12.5°，15°30′45″）．

　寸法数値を記入する際は，**水平方向の寸法線は図面の下辺から，垂直方向の寸法線は図面の右辺から読める**ようにする（図 2-3-14）．斜め方向の寸法線に対してもこれに準ずる（図 2-3-15）．図例は JIS B 0001 による．

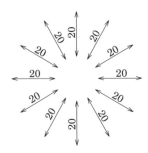

図 2-3-14　長さ寸法の寸法数値

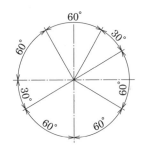

図 2-3-15　角度寸法の寸法数値

　寸法補助線の間隔が狭く，寸法数値を記入する余地がない場合は，図 2-3-16（a）のように，寸法線から引出線を斜め方向に引き出して寸法数値を記入し，矢印を記入する余地がない場合は，端末記号は矢印の代わりに斜線または黒丸を用いてもよい．さらに，図（b）のように，寸法線を延長して内側に向けた矢印を描いて寸法を記入，また寸法線を延長してその上側に記入してもよい（図例は JIS B 0001 による）．

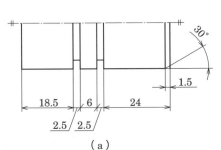

図 2-3-16　狭い箇所の寸法記入例

6 寸法補助記号

寸法補助記号は寸法数値の前に数字と同じ大きさで記入し，寸法数値の意味を明示するために用いられる．表 2-3-1 に寸法補助記号の呼び方と意味を示す（本項の図例は JIS B 0001 による）．

表 2-3-1　寸法補助記号

記　号	呼び方	意　味
ϕ	まる，ふぁい	円の直径，180°を超える円弧の直径
Sϕ	えすまる，えすふぁい	球の直径，180°を超える球の円弧の直径
□	かく	正方形の辺
R	あーる	180°以下の円弧の半径
CR	しーあーる	コントロール半径
SR	えすあーる	180°以下の球の円弧の半径
⌒	えんこ	円弧の長さ
C	しー	45°面取り
∧	えんすい	円すい（台）状の面取り
t	てぃー	板の厚さ
⌴	ざぐり，ふかざぐり	ざぐり，深ざぐり
⌄	さらざぐり	皿ざぐり
⤓	あなふかさ	穴深さ

1 円弧の半径の表し方

①　円弧の寸法は，**円弧が180°までは半径で表し，円弧が180°を超える場合は直径で表す**．

②　半径の寸法は記号 **R** を寸法数値の前につける．半径を示す寸法線を円弧の中心まで引く場合は，Rを省略してもよいが，誤解を招くおそれがあるため極力描いたほうがよい（図 2-3-17 (a)～(c)）．

③　半径を示す寸法線には**円弧の側にのみ矢印を付ける**．矢印は円弧の内側に付けるのが望ましいが，円弧が小さい場合には外側でもよい（図 2-3-17 (d)，(e)）．

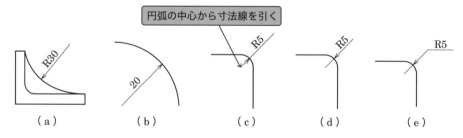

図 2-3-17　円弧の半径の寸法記入例

④　円弧の中心を示す必要がある場合は，十字または黒丸で中心を示す（図 2-3-18）．

⑤　円弧の半径が大きく，円弧の中心が離れている場合には，寸法線を折り曲げてもよい．この場合は，**寸法線の矢印が付いた部分は正しい中心の位置に向いていることが必要である**（図 2-3-18）．

⑥　長穴（長円の穴）や溝の寸法記入において，半径の寸法が他の寸法から導かれる
　　場合は，半径を示す寸法線および数値なし記号，または半径を示す寸法線および数
　　値ありの半径記号を参考寸法として記入する（図2-3-19）．

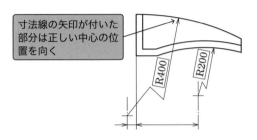

図2-3-18　円弧の半径が大きい場合の寸法

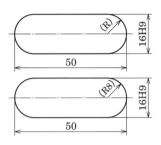

図2-3-19　長穴の寸法

▪2▪ 直径の表し方

①　寸法記入の対象となる図を側面から見た図，および断面で表した図の場合は，記
　　号φを寸法数値の前に付ける（図2-3-20）．

②　円を正面から見た図に寸法を記入する場合で，**寸法線の両端に端末記号が付くと
　　きは記号φを記入しなくてもよい**．円形の一部を描いた図形で寸法線の端末記号
　　が片側のみの場合，半径の寸法と誤解しないため記号φを寸法数値の前に記入す
　　る．円弧が180°以下であっても加工上，直径の寸法が必要な場合は，直径で寸法
　　を示す（図2-3-21）．

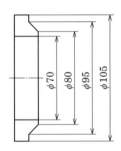

図2-3-20　側面から見た図の直径寸法記入

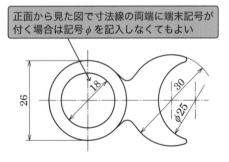

図2-3-21　正面から見た図の直径寸法記入

③　**引出線を用いて直径寸法を示す場合は，記号φを寸法数値の前に記入しなけれ
　　ばならない**（図2-3-22）．

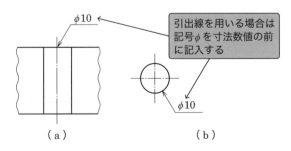

（a）　　　　　　　　　　　　　（b）

図2-3-22　引出線を用いた直径寸法記入

3 球の直径または半径の表し方

　球の直径または半径の寸法は，球の直径記号 **S∅** または球の半径記号 **SR** を寸法数値の前に付ける（図 2-3-23）．

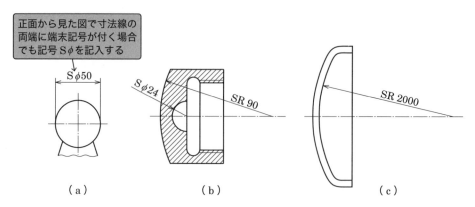

正面から見た図で寸法線の両端に端末記号が付く場合でも記号 S∅ を記入する

S∅50

S∅24　　SR 90

SR 2000

（a）　　　　　　　　　（b）　　　　　　　　　（c）

図 2-3-23　球の直径，半径の表し方

4 正方形の表し方

① 寸法記入の対象となる図が側面から見た図，断面で表した図の場合は，正方形の一辺であることを示す記号□を寸法数値の前に付ける（図 2-3-24）．

② 正方形を正面から見た図に寸法を記入する場合は，両辺の寸法を記入するか，正方形であることを示す記号□を一辺に記入する（図 2-3-25）．

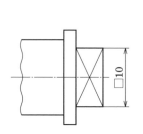

□10

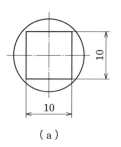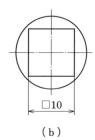

10

10

□10

（a）　　　　　　　　　（b）

図 2-3-24　側面から見た図の正方形寸法　　　**図 2-3-25　正面から見た図の正方形寸法**

5 弦および円弧の表し方

① 弦の長さは，弦に直角に寸法補助線を引き，弦に平行な寸法線を用いる（図 2-3-26）．

② 円弧の長さは，弦と同様な寸法補助線を引き，図の円弧と同心の寸法線を引き，記号⌒を寸法数値の前または上に付ける（図 2-3-27）．

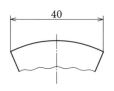

40

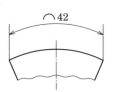

⌒42

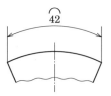

⌒
42

図 2-3-26　弦の長さの寸法　　　　　　**図 2-3-27　円弧の長さの寸法**

6 板厚の表し方

　板の主投影図にその厚みを表す場合，その図の付近または図中の見やすい位置に，厚さを示す寸法数値の前に記号 **t** を付けて，寸法を記入する（図2-3-28）．

　特に，冷間圧延鋼板やプラスチック板など，製品公差が規定されている板材の厚さ指示の際に有用である．

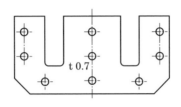

図2-3-28　板厚の寸法

7 面取りの表し方

　角のエッジを斜めに削り取ることを**面取り**という．面取りは安全性確保や傷防止，はめ合わせ部の挿入性向上などを目的として行われる．**45°の面取り**の場合は記号 **C** を寸法数値の前に付ける（図2-3-29 (a) 〜 (c)），または面取りの寸法数値×45°（図2-3-29 (d)，(e)）として示す．45°以外の面取りの場合は，通常の長さ，角度の寸法記入方法により示す（図2-3-30）．

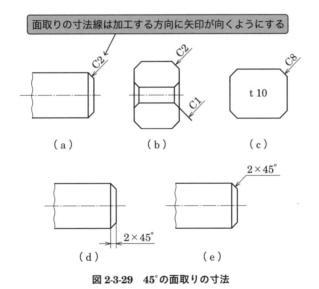

図2-3-29　45°の面取りの寸法

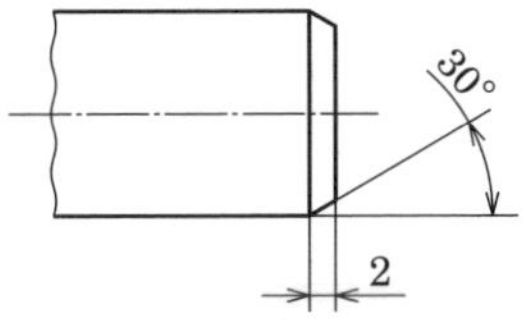

図2-3-30　45°以外の面取りの寸法

8 えんすいの表し方

円筒部品の端部を面取りして円すい台状の形状をつくる場合は，記号 "∧" を寸法数値の前に，寸法数値後には "×" に続けて円すいの頂角を記載する（図2-3-31）.

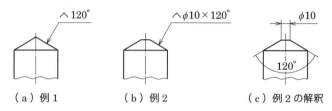

（a）例1　　　（b）例2　　　（c）例2の解釈

図2-3-31　"∧"（えんすい）の図示例

2.3 7 穴の寸法指示

穴の寸法指示は，JIS B 0001 により次のように規定されている.

穴の直径寸法を指示する際，使用目的などによって穴の加工方法を指定する場合は，**寸法数値の後に加工方法に従う簡略表示を示す**（図2-3-32，表2-3-2）.穴の加工方法を指示するときには，加工方法によって円形と定まるため，**引出線を用いて直径寸法を示すときでも寸法補助記号 ϕ を付けない**.

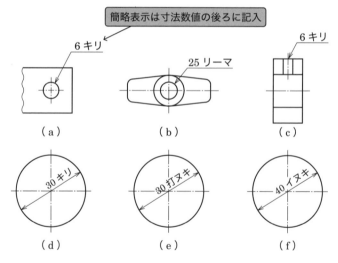

図2-3-32　穴の加工方法の指示

表 2-3-2　穴の加工方法簡略表示一覧

簡略表示	加工方法	記号
キリ	きり（ドリル）であける穴.穴が貫通しない場合，きり穴の先端は，きり（ドリル）先端形状の120°の円すい形となる.	D
リーマ	きり穴をさらにリーマでさらって，正確な寸法に仕上げた穴.はめあいに関する寸法や形状精度が高い穴を仕上げる場合に使用する.	DR
打ヌキ	板金や形鋼などにプレスで打ち抜いた穴.	PPB
イヌキ	鋳型で製作する鋳物部品の穴を中子で製作する際に用いる.キリ，リーマの切削加工と比較して，正確な直径形状や寸法は期待できない.一般的に直径10〜20mm以下の穴には用いられない.	−

穴の深さ寸法を指示する際，穴の直径を示す寸法の次に，**穴の深さを示す記号**▽に続けて深さの寸法を示す．また，側面から見た図，断面で表した図に指示する場合は記号▽を用いずに，通常の長さ寸法の寸法記入方法によって示してもよい（図2-3-33）．ただし，**貫通穴のときは穴の深さは指示しない**（図2-3-34）．

ここで指示する穴の深さとは，直径と同じ円筒部の深さのことで，**きり穴先端の120°円すい部の深さは含まれない**．また，傾斜した穴の深さは，穴中心軸上の長さ寸法を示す（図2-3-35）．

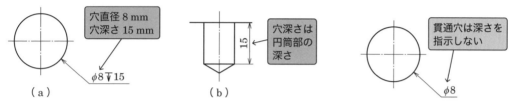

図2-3-33　穴の深さの寸法	図2-3-34　貫通穴の寸法

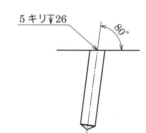

図2-3-35　傾斜した穴の寸法

ざぐり加工には，ざぐりと深ざぐりがある．ざぐり，深ざぐりの寸法指示をする際，穴の直径寸法の後に**ざぐりを示す記号**⊔を記入し，続けてざぐり直径とざぐり深さの寸法を示す．

① **ざぐり**

ボルト頭やナットと品物の接触面を平面にするため，鋳物，鍛造表面を1 mm程度削り取る加工．ざぐり深さが浅いときは，ざぐり形状は省略してもよい（図2-3-36）．

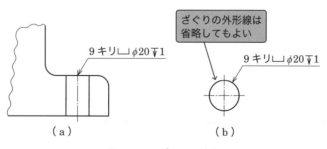

図2-3-36　ざぐりの寸法

② 深ざぐり

ボルト頭が品物の外面に出ないよう，ボルト頭を埋め込むために掘り下げる加工．**深ざぐりの外形線は図面に描き**，寸法を指定する（図2-3-37）.

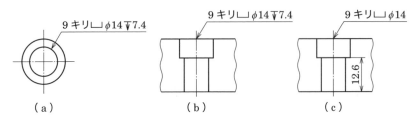

図2-3-37 深ざぐりの寸法

③ 皿ざぐり

皿ざぐりの寸法指示をする際，穴の直径寸法の後に**皿ざぐりを示す記号**╲╱を記入し，続けて**皿ざぐり穴入口直径**を示す．皿ざぐりとは，通常，開き角度が90°のざぐりのことで，皿ねじの頭を品物に埋め込む際に用いられる．ここで，皿ざぐり入口直径と皿ざぐり内側の穴直径を寸法指示する場合，皿ざぐりの深さは必然的に決まるので，**皿ざぐり深さ寸法は指示しない**．皿ざぐり深さの寸法を指定する必要がある場合には，皿ざぐり穴の開き角および穴の深さ寸法を指定する（図2-3-38）.

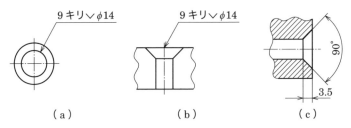

図2-3-38 皿ざぐりの寸法

2.3 **8 大きさの寸法，位置の寸法**

品物の寸法には**大きさの寸法**と**位置の寸法**が存在する．実際の図面には大きさの寸法と位置の寸法が混在して記入される（図2-3-39）.

1 大きさの寸法

長さ，高さ（厚み），幅の三つが存在する．また円筒軸の品物では軸直径，穴では穴直径や穴深さも大きさの寸法である．

2 位置の寸法

品物を構成する形状の相互位置を示す必要がある．品物を加工するときの手順や隣接部との組合せを加味して記入する．**穴の位置を示す寸法は，穴中心（中心線）から寸法補助線を引き出し，穴中心の位置を指示する**.

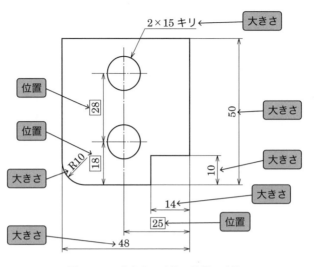

図 2-3-39　大きさの寸法，位置の寸法

2.3.9 中心振分け寸法

　上下，左右対称の品物は多く存在する．このような品物の図面を描き，寸法を指定する際は，**中心振分け寸法**が一般的に使用される．図面の上下，左右対称を示す中心線をまたぐように，対称の位置に存在する形状から寸法線，寸法補助線を引き，寸法を記入する（図 2-3-40）．

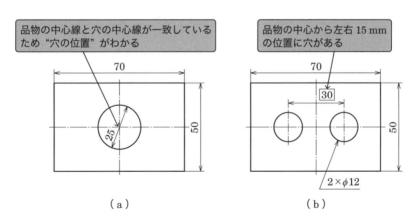

図 2-3-40　中心振分け寸法

2.3.10 参考寸法

　記入済みの寸法を合計，差引きすると示される寸法は記入してはならない．そのため，各形状の中で精度が不要な寸法は記入しない．ただし，必要に応じて，精度を要求する仕上がり寸法でなく，形状の理解や加工を補助する目的で参考の寸法を記入することができる．これを**参考寸法**と呼び，寸法数値に（　）を付けて記す．記入ずみの寸法を合計，差引きすると示されるような寸法を示す場合は，参考寸法とする（図 2-3-41）．

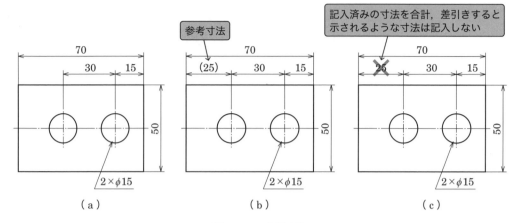

図 2-3-41　参考寸法

2.3 11 キー溝の寸法指示

1 円筒軸のキー溝の寸法指示

① 軸のキー溝の寸法はキー溝の幅，深さ，長さ，位置および端部を示す寸法を記入する（図 2-3-42 (a)，(b)）．

② 軸のキー溝の端部をフライスによって切り上げる場合，工具の直径および基準位置から工具中心までの距離を指示する（図 2-3-42 (c)）．

③ **軸のキー溝の深さは，キー溝と反対側の軸径面からキー溝の底までの寸法**で指示する（図 2-3-42 (a)，(b)，(c)）．ただし，特に必要がある場合にはキー溝加工前の穴頂点からキー溝の底までの寸法（切込み深さ）で指示してもよい（図 2-3-42 (d)）．この場合，寸法の検証方法は図面の受渡当事者間で取り決めておくことが望ましい．

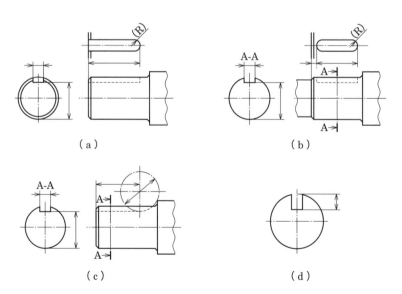

図 2-3-42　円筒軸のキー溝の寸法

2 穴のキー溝の寸法指示

① 穴のキー溝の寸法はキー溝の幅および深さを示す寸法を記入する.

② **穴のキー溝の深さは，キー溝と反対側の穴径面からキー溝の底までの寸法で指示**する（図 2-3-43 (a)）．ただし，特に必要がある場合には，キー溝加工前の穴頂点からキー溝の底までの寸法（切込み深さ）で指示してもよい（図 2-3-43 (b)）．この場合，寸法の検証方法は図面の受渡当事者間で取り決めておくことが望ましい.

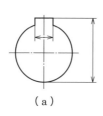 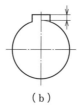

（a）　　　　　　　　　　（b）

図 2-3-43　穴のキー溝の寸法

12 テーパ・勾配の寸法指示

品物の両側面が対称的に傾斜しているものを**テーパ**と呼び，片側のみが傾斜しているものを**勾配**と呼ぶ．この傾斜の度合いを比率で表したものを**テーパ比**と呼び，テーパ比を用いて寸法指示を行う．例えば，長さ 10 mm で直径が 1 mm 変化する場合，1：10と指示する.

テーパ・勾配をもつ形体の外形線より引出線を引き出し，中心線に平行に参照線を引く．参照線にテーパ・勾配の向きを示す図記号をテーパ方向と一致させて描き，図記号の後にテーパ比を示す（図 2-3-44，図 2-3-45）.

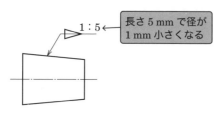

長さ 5 mm で径が
1 mm 小さくなる

図 2-3-44　テーパの寸法

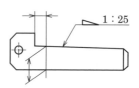

図 2-3-45　勾配の寸法

13 寸法記入の簡略化

誤りが生じにくい特別の場合には，寸法記入を簡略化し，図面を簡潔にわかりやすくすることができる.

1 片側を省略した図形

① 対称図形の省略図において，中心線より片側のみを示す図では，**寸法線は中心線を超えて適切な長さに延長する．延長した寸法線の端には端末記号は付けない**（図 2-3-46）.

② 対称の図形で多数の径の寸法を記入する場合は，寸法線の長さを短くして，数段に分けて寸法記入をしてもよい（図 2-3-47）.

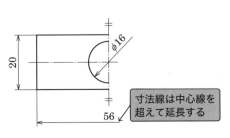

図 2-3-46　対称図形の省略図の寸法

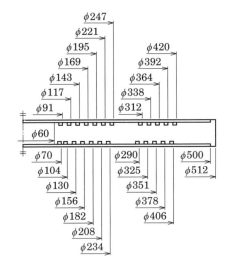

図 2-3-47　短い寸法線の例

2　同一間隔で連続する同一寸法の穴

　一つのピッチ線，ピッチ円上に配置される一群の同一寸法の穴寸法は，穴から引出線を引き出し，参照線の上側にその総数（穴の数）を示す数値の後に×を描き，その後に穴の寸法を指示する（図 2-3-48）.

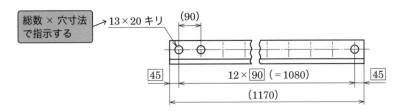

図 2-3-48　同一間隔で連続する同一寸法

2.3 14　寸法記入の留意点

① 寸法を記入しない投影図は描かなくてよい.

② 寸法は正面図になるべく集中して記入し，正面図に示せない寸法は側面図や平面図などに記入する.

③ 図形の外に記入する寸法は，なるべく投影図と投影図の間（正面図と側面図，正面図と平面図）に記入する.

④ 互いに関連する寸法はなるべく一つの投影図にまとめて記入する（図 2-3-49）.

⑤ 加工または組立ての際に基準とする箇所がある場合は，その箇所を基にして寸法を記入する（図 2-3-50）.

⑥ 寸法は，なるべく加工工程ごとに配列を分けて記入する（図 2-3-51）.

⑦ 寸法は，なるべく計算をして加工寸法を求める必要がないように記入する.

⑧ 寸法は，重複記入を避ける（図 2-3-52）.

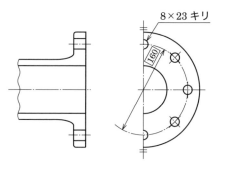

図 2-3-49　関連する寸法の記入例

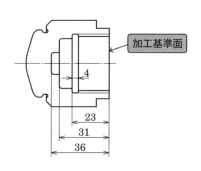

図 2-3-50　加工基準からの寸法記入例

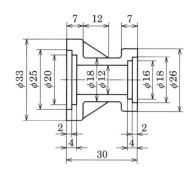

図 2-3-51　工程ごとの寸法記入例

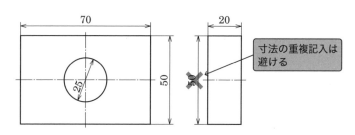

図 2-3-52　寸法の重複記入

2.4 機械製図の手順

Point
・機械製図を描く一連の手順について学び，正確で誤りのない図面を描けるようにする．

　製図作業を始めるにあたり，あらかじめ計画を立て，手順，ルールに基づいて作業を進める必要がある．そうすることで，正確で誤りのない図面を描くよう心掛ける．

① **図形配置の構想を立てる**

　品物の形状に応じて，正面図とする面の選定，その他に描く投影図の数と配置を検討する．正面図には，その品物の形の特徴を最も表している面を選定する．その他に描く投影図を選定する際，寸法が記入されない投影面は描く必要がないことを念頭に入れて選定する．

② **尺度と図面の大きさを決定する**

　品物の大きさと描く図面の大きさを考えながら，尺度を決定し，用紙サイズを決定する．図面の理解を安易にするために部品図は現尺で描くのが望ましいが，細かい部品，形状が複雑な部品は倍尺で描く，または部分投影図の使用も検討する．部品が大きく，現尺で描くと図面用紙に収まらない場合は，縮尺で描く，または省略図の使用も検討する．

③ **表題欄，部品欄のスペースを考慮する**

　用紙サイズを決定したら，図形を描く前に表題欄，部品欄のスペースを確保する．図形，寸法を描いた後にこれらを描こうとすると，欄と図形，寸法が干渉してしまい，表題欄や部品欄を置く余地がなくなるおそれがある．

④ **投影図の配置を決定し，中心線，基準線を描く**

　正面図や平面図，側面図など投影図の配置を，寸法記入の余地を考慮して決定する．このとき，図形が図面の中で片寄りすぎないよう注意する．図形の配置が決まれば，上下，左右対称の部品や円筒軸の部品は中心線を描き，また細線により，品物の最も外形部の外形線の各投影図間をつないで描き，図面を描く際の基準とする（図 2-4-1）．

⑤ **細線で外形線を描く**

　各投影図の外形線（円筒軸，穴を除く）を細線により補助的に描く．その際，各投影図間を細線でつないで描くことで，図形が描きやすくなり，誤りが生じにくく，早く描くことができる．また後々不要となった線を消すため，細線で描く．角，隅部の R や面取りはこの時点では施さず，角張った状態で描く（図 2-4-2）．

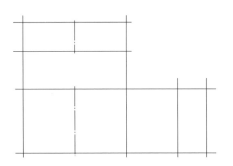

図 2-4-1　中心線，基準線を描く

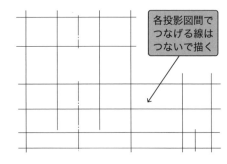

各投影図間で
つなげる線は
つないで描く

図 2-4-2　細線で外形線をつないで描く

⑥ **R や面取りを描く**

　外形の角，隅部の R や面取りを太線で描く（図 2-4-3）．

⑦ **太線で外形線を描く**

　細線を太線でなぞって外形線を描く．その際，細線で描くときは各投影図間をつなげて描いたが，太線で外形線をなぞる際は，外形からはみ出さないよう注意して描く（図 2-4-4）．

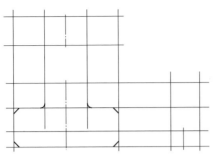

図 2-4-3　Rや面取りを描く

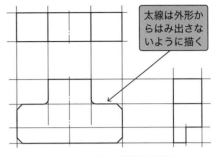

太線は外形からはみ出さないように描く

図 2-4-4　太線で外形線を描く

⑧　**円筒軸，穴を描く**

　円筒軸や穴の中心線を描き，中心線を基準に太線で円筒軸や穴を描く（図 2-4-5）．

⑨　**上記①〜⑧で描けなかった外形線を描く**

　相貫線など上記①〜⑧の作業で描いていない外形線を太線で描く．また部分投影図などの補助的な図も必要に応じて描く（図 2-4-6）．

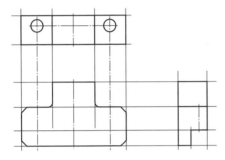

図 2-4-5　円筒軸，穴を描く

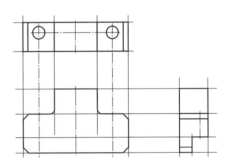

図 2-4-6　外形線を仕上げる

⑩　**不要な細線を消す**

　外形線を描くために補助的に描いた不要な細線を消す．その際，寸法補助線として使用できる細線は消さなくてもよい（図 2-4-7）．

⑪　**寸法補助線，寸法線，引出線を描く**

　寸法線，寸法補助線，引出線を過不足なく記入する（図 2-4-8）．

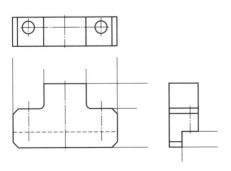

図 2-4-7　不要な細線を消す

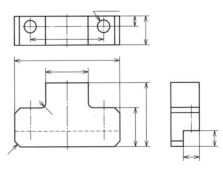

図 2-4-8　寸法補助線，寸法線などを描く

⑫ **寸法数値を描く**

寸法数値を記入する（図2-4-9）．

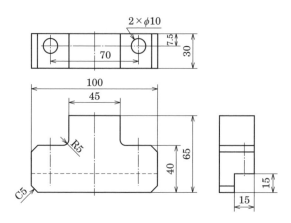

図2-4-9 寸法数値を記入

⑬ **表面性状，幾何公差などを描く**

表面性状，幾何公差，溶接記号，照合番号などを記入する（図2-4-10）．

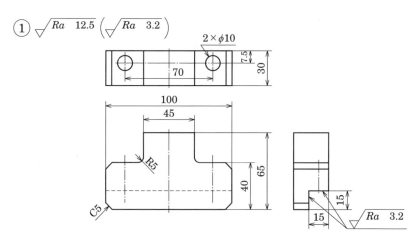

図2-4-10 表面性状などを記入

⑭ **部品欄，表題欄を記入する**

部品欄および表題欄を記入する．

⑮ **注記を書く**

必要事項を注記に記載する．

⑯ **検図作業**

検図作業を行い，図形の形状に誤りがないか，寸法の記入漏れがないかなど，確認を行う．検図作業を怠ると，誤った図面のまま，予定外の形状の部品が製作されるなどの問題が生じる．図面を使用する者の身になって，図形が完全に品物を表していること，寸法に誤記なく不足がないこと，記事に誤り不足がないことなどを確認する．

2.5 表題欄，照合番号，部品欄

2.5.1 表題欄

　図面には必ず表題欄を設ける．**表題欄**とは，図面の理解の補助のために描いた図面の情報，図面を見ただけではわからない品物の製作に必要な情報，図面管理に必要な情報，図面の責任者などの情報を記載する．**表題欄の位置は図面用紙の右下に置き**，表題欄が読める方向を図面の正位とする．表題欄のフォーマットは JIS で規定されていないが，その一例を図 2-5-1 に示し，主に載せる情報を表 2-5-1 に記す．

承認	検図	設計	製図	投影法		尺度	日付
鈴木	佐藤	伊藤	伊藤			1：1	2020.03.10
材質	S45C			表面処理・熱処理		焼入れ焼戻し 表面硬度 225 〜 260HB	
学校名 企業名				名称	シャフト		用紙サイズ
							A3
				図面番号	19A-001		ページ
							1/1

図 2-5-1　表題欄

表 2-5-1　表題欄に載せる情報

図面番号（図番）	図面の管理のため，また図面の混同を避けるために，各図面には固有の番号を指定する．図番は一般的に英数字を使用して指定する．
名称	部品図では描いた部品の名称，組立図ではその機械製品も名称を記入する．図名はその名称を見ることで，どのような部品，機械製品かを判別できる名称とすることが望ましい．
学校名，企業名	図面の帰属先を記す．
投影法	図面を描いた投影法を指定する．図面を第三角法または第一角法で描いたのかを第三角法の記号または第一角法の記号を描いて記す．JIS において機械製図は第三角法で行うこととしている．
尺度	描いた部品図，組立図の尺度を示す．尺度を示さないと，品物サイズの誤解を生じるおそれがある．
材質	部品図の図面において，その品物の材質を記して指定する．
表面処理・熱処理	部品図の図面において，品物に表面処理（脱脂，めっき処理など）や熱処理（焼入れなど）を行う場合，その処理名と硬度を記して指定する．
日付	図面を作成した日付を記す．
責任者の署名	承認者，検図者，設計担当者，製図者（作図した者）を記し，描かれた図面の責任者を明確にする．

2 照合番号

機械部品は多数の部品によって構成される。そのため機械部品を構成する個々の部品に番号を付けて、その番号で部品を表し、整理する。この番号のことを**照合番号**と呼び、一般的にアラビア数字で記入する。部品欄にはこの照合番号を記載して、個々の部品に関する事項を記載する。組立図においてどの部品がどこに組み込まれているかを示すうえで、また組立図中の部品と部品図、部品欄との関連は照合番号を用いて行われるため、照合番号の記載は重要である。

1 照合番号の順序

照合番号の番号順は、次のいずれかとするのが望ましい。

- ・組立ての順序を番号順とする。
- ・構成部品の重要度の順序を番号順とする。部分組立図、主要部品、小物部品の順番に番号を付けるなど。

2 照合番号の記入法

照合番号を部品図に記入する際は、次のようにする。

① 照合番号は明確に区別できるよう、番号を円で囲んで示す
（図 2-5-2）。

② 図形の左上に照合番号を記入する。

円の直径：12 mm

図 2-5-2　照合番号

照合番号を組立図に記入する際は、次のようにする（図 2-5-3 は JIS B 0001 による）。

① 照合番号は明確に区別できるよう、番号を円で囲んで示す（図 2-5-2）。

② 照合番号は対象とする図形から引出線を引き出して記入する。引出線は寸法線、寸法補助線などの線との混同を避けるために、水平方向および垂直方向には引かずに斜めに引き出し、また引出線同士が交差しないようにする。また可能であれば、引出線同士が平行にならないように配慮するのが望ましい。

③ 照合番号の円の中心は、必ず引出線の延長線上となるようにする。

④ 引出線の図形側の先端形状は、外形線に接触させて指示する場合は矢印、外形線を超えて部品の内部で指示する場合は黒丸とする（図中 ③）。

⑤ 多数の照合番号を記載する場合は、水平方向または垂直方向に、一直線上に等間隔となるよう配置することが望ましい。乱雑に配置してはならない。

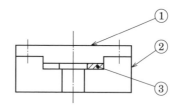

図 2-5-3　組立図における照合番号の記入

3 部品欄

　部品欄は図面に描いてある各部品に関する，照合番号（品番），名称，材質，個数，質量，記事などを記入する．**部品欄は図面の右上か右下**に設け，右下に設ける場合は，表題欄の上に設ける．部品欄の一例を図2-5-4に，主として載せる情報を表2-5-2に示す．

図面右下に配置する場合は若い番号が下側になるような番号順

3	シャフト	S45C	2	0.50	焼入れ焼戻し，表面硬度201HB以上
2	フランジ形たわみ軸継手（ボルト側）	FC200	1	0.90	JIS B 1452
1	フランジ形たわみ軸継手（ブシュ側）	FC200	1	0.90	JIS B 1452
照合番号	名称	材質	個数	質量(kg)	備考

（a）図面右下に配置する場合

図面右上に配置する場合は若い番号が上側になるような番号順

照合番号	名称	材質	個数	質量(kg)	備考
1	フランジ形たわみ軸継手（ブシュ側）	FC200	1	0.90	JIS B 1452
2	フランジ形たわみ軸継手（ボルト側）	FC200	1	0.90	JIS B 1452
3	シャフト	S45C	2	0.50	焼入れ焼戻し，表面硬度201HB以上

（b）図面右上に配置する場合

図 2-5-4　部品欄の例

表 2-5-2　部品欄に載せる情報

照合番号	図面用紙内に描かれている部品の照合番号を記入する．照合番号の並び順番は，部品欄が図面右下にある場合は若い番号が下側になるように，また部品欄が図面右上にある場合は若い番号が上側となるような番号順にする．
名称	部品の名称を記入する．
材質	部品の材料を材料記号で記入する．
個数	機械製品1台当たりに必要な個数を記入する．
質量	部品1個当たりの質量をkg単位で記入する．
備考	JISに規定されている標準部品は，JISの規格番号を記入する．その他，必要事項に応じて記入する．

4 訂正欄

　企業などにおいて，図面が承認されたあとは，たとえ図面を描いた人であっても，勝手に図面の変更や追記，削除は行ってはならない．しかし，承認後に誤記や寸法漏れの発覚，設計変更などが生じる場合がある．そのような場合は，必要な手続きを経て図面を訂正する．図面の訂正を実施する際は下記の点に留意する（図2-5-5，図2-5-6）．

① 訂正欄を設けて，訂正箇所を明記し，列記するようにする．

② 訂正欄には訂正番号，訂正内容，訂正年月日，訂正を行った者の名前などを記す．

③ 図面の訂正箇所に適当な記号（例：⚠）を付け，訂正箇所を明確にする．

④ 訂正前の数値，文字などは消さず，数値，文字の上に二重線などを上書きし，その横に訂正後の数値，文字などを記入する．

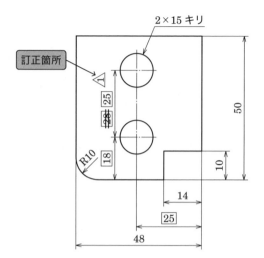

図 2-5-5　図面訂正の例

変更履歴		
記号	内容	日付
⚠	寸法変更	2023.05.01

図 2-5-6　訂正欄の例

第 **3** 章

公差と表面性状

サイズ公差とはめあい方式

Point
・サイズ公差と幾何公差の違いを理解する.
・はめあい方式（すきまばめ，中間ばめ，しまりばめ）を理解する.
・包絡の条件を理解する.

1 形体とは

　点，線または面のことを「幾何形体」または単に**形体**と呼ぶ（JIS B 0672-1）．実体のある幾何形体の表面または表面上の線を「**外殻形体**」といい，一つ以上の外殻形体から導かれた中心点，中心線または中心面を「**誘導形体**」という．外殻形体とは，実際に存在し，空気に触れる境界をなす形体であり，誘導形体は，実体として存在しない形体である．

　そして「長さ」または「角度」にかかわる**サイズ（実体を測定できる寸法）**によって定義された幾何学的形状（形体）を**サイズ形体**と呼び，サイズ形体には，円筒，球，平行2平面，円すい，くさびなどがあり，実体を測定できる寸法（サイズ）で示した形体（数値的に表した形体）である．

2 図面上の寸法と実製品（図示外殻形体と実（外殻）形体），公差

　細長い長方形断面棒を設計しようとしたとき，図面上で断面寸法20（図3-1-1（a）図示外殻形体1）と指示しても，実際の製品（実外殻形体）は，図面どおりの寸法（20.000…）ぴったりではなく，図3-1-1（b）に示すように必ずばらつきが生じる．図面には，寸法とともに，許容しうる寸法誤差の範囲を指定しておく必要がある（図3-1-2（a））．

（a）図示外殻形体1

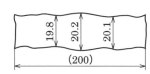

（b）実外殻形体1

図3-1-1　図面上の寸法と実製品寸法1

　次に，図3-1-2（a）のように，図面上で「20 ± 0.1」とサイズ公差で指定したとする．実際の製品を測定したら，2点間距離は20 ± 0.1を満たしてはいるが，図3-1-2（b）のように実外殻形体に"反り"が生じていたとする．この場合，サイズ公差のみの指定であるので，図3-1-2（b）の製品も図面どおりであるとなり，検査では合格となってしまう．

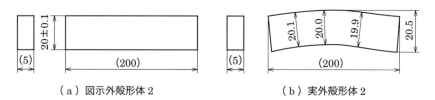

（a）図示外殻形体2　　　　　　　　（b）実外殻形体2

図 3-1-2　図面上の寸法と実製品寸法 2

　このような問題が生じないようにするためには，"反り"に対して公差を指示する必要がある．つまり，図面に幾何公差を指示する必要がある（図3-1-3）．**サイズ公差**とは，サイズ形体の大きさ（円筒および相対する平行2平面）に対する公差であり，**幾何公差**は，形状やゆがみ（姿勢，位置，振れ）に対する公差である．

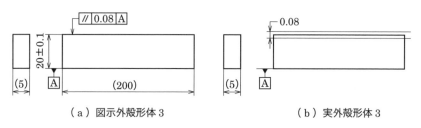

（a）図示外殻形体3　　　　　　　　（b）実外殻形体3

図 3-1-3　図面上の寸法と実製品寸法 3

 ## 独立の原則

　独立の原則（JIS B 0024）では，サイズ公差と幾何公差との間の原則について次のように規定されている．「幾何公差は形体の寸法と無関係に適用し，**幾何公差とサイズ公差は関係ないものとして扱う**」．つまり，サイズ公差の数値と幾何公差の数値は互いに関連なく，公差数値を独立して図面に指示することができる．サイズ公差と幾何公差を検査するとときは，それぞれの公差の数値にかかわらず，独立して検査することを意味する．

 ## 寸法の分類と寸法公差（**サイズ公差と幾何公差**）

　寸法とは，二つの形体間の距離またはサイズ形体の大きさを指す．寸法には「長さ寸法」，「位置寸法」，「角度寸法」がある（JIS Z 8317-1）．寸法を「長さ」と「角度」に分類し，さらに「サイズ」と「位置」に分類して，それぞれの寸法に対してサイズ公差と幾何公差を定義する（図3-1-4）．

図 3-1-4　寸法の分類

普通公差

　図面に公差（例：±0.1）をすべての寸法に示すと煩雑となる．また寸法の中には，部品の機能や組立てにおいて特に公差を必要としないでよいものがある．個々に公差を指示せず一括指示し，経済的に製作するため，または図面指示を簡単にするため，公差の指示がない長さ寸法および角度寸法に対する四つの公差等級の**普通公差**が規定されている（JIS B 0405）．この普通公差を適用する場合，たとえば公差等級 "中級" とする場合，表題欄の中またはその付近に「JIS B 0405-m」と示す（図 3-1-5）．または，第 13 章（図面集）の普通幾何公差も含めて「JIS B 0419-mK」と示してもよい．

図 3-1-5　普通公差の指示の例

　例として，普通公差中級（JIS B 0405-m）の図面において，長さ寸法が「100」という図示サイズがあった場合は，表 3-1-1 より許容差「±0.3」で「100（±0.3）」より，99.7 から 100.3 の間の寸法でよいという意味になる（表 3-1-1 ～表 3-1-3 は JIS B 0405 による）．

表 3-1-1　面取り部分を除く長さ寸法に対する許容差

公差等級		基準寸法の区分							
記号	説明	0.5* 以上 3 以下	3 を超え 6 以下	6 を超え 30 以下	30 を 超え 120 以下	120 を 超え 400 以下	400 を超え 1000 以下	1000 を 超え 2000 以下	2000 を 超え 4000 以下
		許容差							
f	精級	± 0.05	± 0.05	± 0.1	± 0.15	± 0.2	± 0.3	± 0.5	−
m	中級	± 0.1	± 0.1	± 0.2	± 0.3	± 0.5	± 0.8	± 1.2	± 2
c	粗級	± 0.2	± 0.3	± 0.5	± 0.8	± 1.2	± 2	± 3	± 4
v	極粗級	−	± 0.5	± 1	± 1.5	± 2.5	± 4	± 6	± 8

*　0.5 mm 未満の基準寸法に対しては，その基準寸法に続けて許容差を個々に指示する．

（単位：mm）

表 3-1-2　面取り部分の長さ寸法（角の丸みおよび角の面取り寸法）に対する許容差

公差等級		基準寸法の区分（単位：mm）		
記号	説明	0.5*以上 3 以下	3 を超え 6 以下	6 を超えるもの
		許容差		
f	精級	± 0.2	± 0.5	± 1
m	中級			
c	粗級	± 0.4	± 1	± 2
v	極粗級			

* 0.5 mm 未満の基準寸法に対しては，その基準寸法に続けて許容差を個々に指示する．

（単位：mm）

表 3-1-3　角度寸法の許容差

公差等級		対象とする角度の短いほうの辺の長さの区分				
記号	説明	10 以下	10 を超え 50 以下	50 を超え 120 以下	120 を超え 400 以下	400 を超えるもの
		許容差				
f	精級	± 1°	± 30′	± 20′	± 10′	± 5′
m	中級					
c	粗級	± 1°30′	± 1°	± 30′	± 15′	± 10′
v	極粗級	± 3°	± 2°	± 1°	± 30′	± 20′

（単位：mm）

 サイズ公差

　サイズ公差については JIS B 0401-1 に規定されている．図 3-1-6 はサイズ公差が示された図面の一例である．この図で $\phi50$ は，図示によって定義された完全形状の形体サイズで**図示サイズ**という．図示サイズに**許容限界サイズ**を指示する場合は，**上の許容差**（穴の場合は ES，軸の場合は es で表す）および**下の許容差**（穴の場合は EI，軸の場合は ei で表す）を図 3-1-6 のように示す．上と下の許容差を示すことで，実製品の寸法がこの範囲にあればよいとするものである．図 3-1-6 の場合，寸法誤差の範囲は 50.009 mm から 50.025 mm の間となり，大きいほう（50.025 mm）を**上の許容サイズ**，小さいほう（50.009 mm）を**下の許容サイズ**という．上の許容サイズと下の許容サイズの差（0.016 mm）を**サイズ公差**とよび，サイズ公差許容限界内のサイズ変動値を**サイズ許容区間**と呼ぶ．

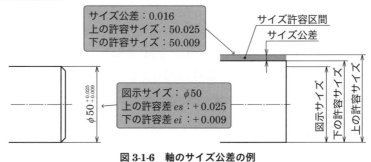

図 3-1-6　軸のサイズ公差の例

基本サイズ公差等級は，精度の高いものから IT01（01 級），IT0（0 級），IT1（1 級），IT2（2 級），…，IT18（18 級）と 20 等級に分け，等級ごとの公差の基準数値が表 3-1-4 のように基本サイズ公差（IT）として定められている．IT1 から IT4 はゲージ用，IT5 から IT10 は一般の機械部品で他の部品とはめあわされる部分に，IT11 以上ははめあいのない部分に適用する公差である．

図 3-1-6 の場合，サイズ公差が 0.025 − 0.009 = 0.016 mm（16 μm）で，基準寸法が 50 mm であるから，表 3-1-4 の寸法区分「30 を超え 50 以下」の行を横にたどり，対応するサイズ公差の等級を見ると IT6 であったことがわかる．

表 3-1-4　IT 図示サイズに対する基本サイズ公差等級の数値（IT3 〜 IT11 の場合）

図示サイズ（mm）		基本サイズ公差等級（IT）								
を超え	以下	IT3	IT4	IT5	IT6	IT7	IT8	IT9	IT10	IT11
−	3	2	3	4	6	10	14	25	40	60
3	6	2.5	4	5	8	12	18	30	48	75
6	10	2.5	4	6	9	15	22	36	58	90
10	18	3	5	8	11	18	27	43	70	110
18	30	4	6	9	13	21	33	52	84	130
30	50	4	7	11	16	25	39	62	100	160
50	80	5	8	13	19	30	46	74	120	190
80	120	6	10	15	22	35	54	87	140	220
120	180	8	12	18	25	40	63	100	160	250
180	250	10	14	20	29	46	72	115	185	290

50 mm のときは，
この行を参照する

（単位：μm）

7　公差クラス（サイズ許容区間の位置とサイズ公差の大きさ）

公差クラスについては JIS B 0401-2 に規定されている．図 3-1-6 の寸法「$50^{+0.025}_{+0.009}$」は「$\phi50$ m6」のように公差クラス（「m6」の部分）を用いて指示ができる．ここで，「m」はサイズ許容区間の位置を示し（図 3-1-7 (b)），「6」はサイズ公差の大きさ IT6（基本サイズ公差等級 6 級）を示す．

公差クラスは，サイズ許容区間の位置を「基礎となる許容差（m の記号の数値）」を用いて指定する（軸の場合，表 3-1-6）．基礎となる許容差とは，図示サイズから最も近い許容限界サイズの位置を示す値である．基礎となる許容差は表 3-1-5 や表 3-1-6 のように，穴は大文字（表 3-1-5）で A から ZC の記号で表され，軸は小文字（表 3-1-6）で a から zc の記号で表される（図 3-1-7）．

表 3-1-5 穴に対する基礎となる許容差の数値

を超え	以下	B	C	D	E	F	G	H	JS	J6	J7	J8	K6	K7	K8	K9以上	M6	M7	M8	M9以上	N6	N7
		すべての公差等級							J			K				M				N		
−	3	+140	+60	+20	+14	+6	+2	0		+2	+4	+6	0	0	0	0	−2	−2	−2	−2	−4	−4
3	6	+140	+70	+30	+20	+10	+4	0		+5	+6	+10	+2	+3	+5		−1	0	+2	−4	−5	−4
6	10	+150	+80	+40	+25	+13	+5	0		+5	+8	+12	+2	+5	+7		−3	0	+2	−6	−7	−4
10	14	+150	+95	+50	+32	+16	+6	0		+6	+10	+15	+2	+6	+8		−4	0	+2	−7	−9	−5
14	18	+150	+95	+50	+32	+16	+6	0		+6	+10	+15	+2	+6	+8		−4	0	+2	−7	−9	−5
18	24	+160	+110	+65	+40	+20	+7	0		+8	+12	+20	+2	+6	+10		−4	0	+4	−8	−11	−7
24	30	+160	+110	+65	+40	+20	+7	0		+8	+12	+20	+2	+6	+10		−4	0	+4	−8	−11	−7
30	40	+170	+120	+80	+50	+25	+9	0		+10	+14	+24	+3	+7	+12		−4	0	+5	−9	−12	−8
40	50	+180	+130	+80	+50	+25	+9	0		+10	+14	+24	+3	+7	+12		−4	0	+5	−9	−12	−8
50	65	+190	+140	+100	+60	+30	+10	0		+13	+18	+28	+4	+9	+14		−5	0	+5	−11	−14	−9
65	80	+200	+150	+100	+60	+30	+10	0		+13	+18	+28	+4	+9	+14		−5	0	+5	−11	−14	−9
80	100	+220	+170	+120	+72	+36	+12	0		+16	+22	+34	+4	+10	+16		−6	0	+6	−13	−16	−10
100	120	+240	+180	+120	+72	+36	+12	0		+16	+22	+34	+4	+10	+16		−6	0	+6	−13	−16	−10
120	140	+260	+200	+145	+85	+43	+14	0		+18	+26	+41	+4	+12	+20		−8	0	+8	−15	−20	−12
140	160	+280	+210	+145	+85	+43	+14	0		+18	+26	+41	+4	+12	+20		−8	0	+8	−15	−20	−12
160	180	+310	+230	+145	+85	+43	+14	0		+18	+26	+41	+4	+12	+20		−8	0	+8	−15	−20	−12

JS：サイズ差は $\pm \dfrac{IT}{2}$ とする

（単位：μm）

表 3-1-6 軸に対する基礎となる許容差の数値

を超え	以下	b	c	d	e	f	g	h	js	j(5, 6 / 6, 7)	j(7)	j(8)	k(4,5 6,7)	k(3以下 および 8以上)	m	n	p
		すべての公差等級							j			k				
−	3	−140	−60	−20	−14	−6	−2	0		−2	−4	−6	0	0	+2	+4	+6
3	6	−140	−70	−30	−20	−10	−4	0		−2	−4		+1	0	+4	+8	+12
6	10	−150	−80	−40	−25	−13	−5	0		−2	−5		+1	0	+6	+10	+15
10	14	−150	−95	−50	−32	−16	−6	0		−3	−6		+1	0	+7	+12	+18
14	18	−150	−95	−50	−32	−16	−6	0		−3	−6		+1	0	+7	+12	+18
18	24	−160	−110	−65	−40	−20	−7	0		−4	−8		+2	0	+8	+15	+22
24	30	−160	−110	−65	−40	−20	−7	0		−4	−8		+2	0	+8	+15	+22
30	40	−170	−120	−80	−50	−25	−9	0		−5	−10		+2	0	+9	+17	+26
40	50	−180	−130	−80	−50	−25	−9	0		−5	−10		+2	0	+9	+17	+26
50	65	−190	−140	−100	−60	−30	−10	0		−7	−12		+2	0	+11	+20	+32
65	80	−200	−150	−100	−60	−30	−10	0		−7	−12		+2	0	+11	+20	+32
80	100	−220	−170	−120	−72	−36	−12	0		−9	−15		+3	0	+13	+23	+37
100	120	−240	−180	−120	−72	−36	−12	0		−9	−15		+3	0	+13	+23	+37
120	140	−260	−200	−145	−85	−43	−14	0		−11	−18		+3	0	+15	+27	+43
140	160	−280	−210	−145	−85	−43	−14	0		−11	−18		+3	0	+15	+27	+43
160	180	−310	−230	−145	−85	−43	−14	0		−11	−18		+3	0	+15	+27	+43

js：サイズ差は $\pm \dfrac{IT}{2}$ とする

（単位：μm）

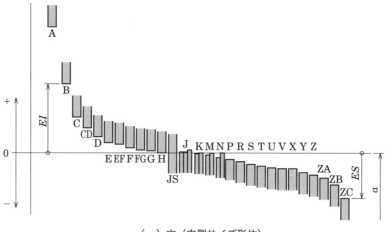

（ａ）穴（内側サイズ形体）

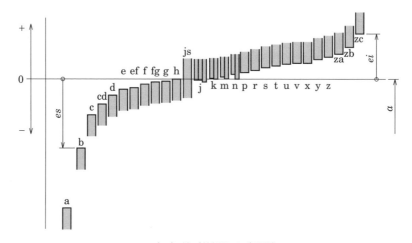

（ｂ）軸（外側サイズ形体）

図 3-1-7　図示サイズに関するサイズ許容区間の配置（基礎となる許容差）の概略図

3.1 8 サイズおよびサイズ公差

一般に，長手方向のサイズ公差は下記の例のように数字で示す．

$$37 \begin{smallmatrix} +0.01 \\ -0.02 \end{smallmatrix}, \ \ 37 \begin{smallmatrix} 0 \\ -0.02 \end{smallmatrix}, \ \ 37 \pm 0.1$$

穴と軸については，図示サイズ，サイズ許容区間の位置の記号，基本サイズ公差等級（IT）の順で表示する．例えば

穴の場合：$\phi 20H7 \rightarrow$ 図示サイズ $\phi 20$ mm，サイズ許容区間の位置 H，IT7 の穴

軸の場合：$\phi 20g6 \rightarrow$ 図示サイズ $\phi 20$ mm，サイズ許容区間の位置 g，IT6 の軸

1 「$\phi 20H7$」の穴

① H7 の「7」（IT7）と寸法「20」より，表 3-1-4 からサイズ公差が「0.021」であるとわかる．

② H7 の「H」と寸法「20」より，表 3-1-5 から「下の許容差 EI が 0」であるとわかる．

74

③　②より 20$\overset{????}{}$ となり，①より $\phi20\overset{+0.021}{0}$ となる.

よって，「$\phi20H7$」の穴は，上の許容サイズ $\phi20.021$ mm，下の許容サイズ $\phi20.000$ mm となる.

2 「$\phi20g6$」の軸

① g6 の「6」（IT6）と寸法「20」より，表 3-1-4 からサイズ公差が「0.013」であるとわかる.

② g6 の「g」と寸法「20」より，表 3-1-6 から「上の許容差 es が -0.007」であるとわかる.

③　②より $\phi20\overset{-0.007}{????}$ となり，①より $20\overset{-0.007}{-0.020}$ となる.

よって，「$\phi20g6$」の軸は，上の許容サイズ $\phi19.993$ mm，下の許容サイズ $\phi19.980$ mm となる.

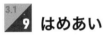

9 はめあい

機械部品の中には穴と軸，キーとキー溝，シリンダとピストンなどのように，互いに組み合わされて使用される部分が多い．このような関係を**はめあい**という．穴と軸のはめあいにおいて，穴の直径が軸の直径よりも大きい場合，すきまを生じる．逆に，軸の直径が穴の直径より大きいとき，しめしろを生じることになる．このようなはめあいには，図 3-1-8 のように 3 種類がある.

① **すきまばめ**

必ずすきまをもつ．滑り軸受と軸のように，軸が動けるようにしたはめあい.

② **しまりばめ**

必ずしめしろをもつ．軸が穴に固定されて動かないようなはめあい.

③ **中間ばめ**

すきまばめとしまりばめの中間．仕上げの寸法差の状態によって，わずかのすきま，あるいはしめしろをもつはめあい.

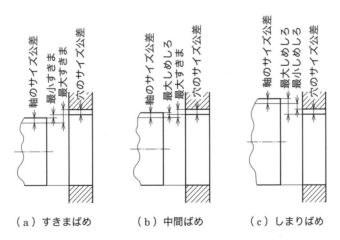

（a）すきまばめ　　（b）中間ばめ　　（c）しまりばめ

図 3-1-8　すきまばめ，中間ばめ，しまりばめ

3.1
10 はめあい方式

はめあいの方式は，図3-1-9のように以下の二つに大別される．

① **穴基準はめあい**：公差域の位置Hの基準となる穴を定めておき，これに各種の軸を組み合わせて必要なすきまやしめしろを規定する方式．

② **軸基準はめあい**：公差域の位置hの基準軸を定めておき．これに各種の穴を組み合わせて必要なすきまやしめしろを規定する方式．

一般には，加工が容易な穴基準方式を採用することが多い．表3-1-7に常用する穴基準はめあい例を示す．

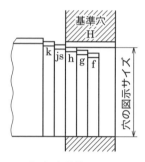
（a）穴基準はめあい

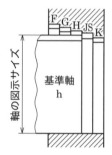
（b）軸基準はめあい

図3-1-9　穴基準はめあいと軸基準はめあい

表3-1-7　常用する穴基準はめあい例

基準穴	はめあいの種類		穴と軸の加工法	組立・分解作業およびすきまの状態	適用例
6級穴	H6/p6 H6/n6	しまりばめ	摩擦，ラップみがき，すり合わせ，極精密工作	ブレス，ジャッキなどを使用する	各種計器，航空発動機およびその付属品，高級工作機械，ころ軸受，その他精密機械の主要部分
	H6/m5 H6/m6	中間ばめ		手槌などで打ち込む	
	H6/k5 H6/k6				
	H6/js5 H6/js6				
	H6/h5 H6/h6	すきまばめ		潤滑油の使用で容易に手で移動できる	
	H6/g5 H6/g6				
	H6/f6				

（次ページにつづく）

基準穴	はめあいの種類		穴と軸の加工法	組立・分解作業および すきまの状態	適用例
7級穴	H7/x6 〜 H7/t6	しまりばめ	研磨または精密工作	水圧機などによる強力な圧入または焼ばめ	鉄道車輪の車心とタイヤ，軸と軸心，大型発電機の発電子と軸などの結合部分
	H7/s6 〜 H7/p6			水圧機，プレスなどによる軽圧入	鋳鉄車心へ青銅または鋼製車周をはめる場合
	H7/n6 〜 H7/k6	中間ばめ		鉄槌による打込み，抜出し	あまり分解しない軸と歯車，ハンドル車，フランジ継手，はずみ車，球軸受などのはめあい
	H7/js6 H7/js7			木槌または鉛槌	キーまたは押しねじで固定する部分のはめあい，球軸受のはめ込み，軸カラー，替え歯車と軸
	H7/h6 H7/h7	すきまばめ		潤滑油を供給すれば手で動かせる	長い軸へ通すキー止め調車と軸カラー，たわみカップリングと軸，油ブレーキのピストンと筒
	H7/g6 H7/f6			すきまが僅少で，潤滑油の使用で互いに運動する	研磨機のスピンドル軸受など，精密工作機械などの主軸と軸受，高級変速機における軸と軸受
	H7/f7 H7/e7			小さいすきま，潤滑油の使用で互いに運動する	クランク軸，クランクピンとそれらの軸受
8級穴	H8/h7 H8/h8	すきまばめ	普通工作	楽にはめ外しや滑動ができる	軸カラー，調車と軸，滑動するハブと軸など
	H8/f7 H8/f8			小さいすきま，潤滑油の使用で互いに運動する	内燃機関のクランク軸受，案内車と軸，渦巻きポンプ送風機などの軸と軸受
	H8/e8 H8/e9			やや大きなすきま	多少下級な軸受と軸，小型発動機の軸と軸受
	H8/d9			大きなすきま，潤滑油の使用で互いに運動する	
9級穴	H9/h8 H9/h9	すきまばめ			車両軸受，一般下級軸受，揺動軸受，遊車と軸など
	H9/e8 H9/e9				
	H9/d8 H9/d9			非常に大きなすきま，潤滑油の使用で互いに運動する	
	H9/c9				

注：はめあいの表示は，穴基準はめあいおよび軸基準はめあいとも H7/m6，H7-m6，または $\frac{H7}{m6}$ のように書く．

〔参考〕吉田幸司 編：JIS による機械製図法（新版4訂），山海堂，2005年．

11 常用するはめあい

表3-1-8と表3-1-9に，一般に広く使用される**常用するはめあい**を示す（JIS B 0401-1による）．

表3-1-8　常用する穴基準はめあい

基準穴	軸の公差域クラス																
	すきまばめ							中間ばめ			しまりばめ						
H6						g5	h5	js5	k5	m5							
H6					f6	g6	h6	js6	k6	m6	n6	p6					
H7					f6	g6	h6	js6	k6	m6	n6	p6	r6	s6	t6	u6	x6
H7				e7	f7		h7	js7									
H8					f7		h7										
H8				e8	f8		h8										
H8			d9	e9													
H9			d8	e8			h8										
H9		c9	d9	e9			h9										
H10	b9	c9	d9														

表3-1-9　常用する軸基準はめあい

基準軸	穴の公差域クラス																
	すきまばめ							中間ばめ			しまりばめ						
h5							H6	JS6	K6	M6	N6	P6					
h6					F6	G6	H6	JS6	K6	M6	N6	P6					
h6					F7	G7	H7	JS7	K7	M7	N7	P7	R7	S7	T7	U7	X7
h7				E7	F7		H7										
h7					F8		H8										
h8			D8	E8	F8		H8										
h8			D9	E9			H9										
h9			D8	E8			H8										
h9		C9	D9	E9			H9										
h9	B10	C10	D10														

12 包絡の条件

包絡の条件とは，形体がその最大実体寸法における完全形状の包絡面（最大実体実効状態）を超えてはならない条件である．サイズの最小実体限度に適用された指定演算子の2点間サイズとサイズの最大実体限度に適用された指定演算子※の最大内接サイズまたは最小外接サイズとの組合せによって定義できる．サイズ公差の後にⒺ記号を付ける（Ⓔは envelope の意味）．

※　図中のⓁⓅなどの記号は，標準指定演算子といい，サイズ公差に条件を指定するときに用いる．表3-1-10に長さにかかわるサイズの指定条件を示し，表3-1-11にサイズの標準指定条件を示す．

1 外側サイズ形体の包絡の条件

　下の許容サイズ（LLS）に適用する指定演算子の2点間サイズと，上の許容サイズ（ULS）に適用する指定演算子の最小外接サイズとを組み合わせて同時に用いる条件．指示方法を図3-1-10に示す．

図 3-1-10　外側サイズ形体における包絡の条件の指示方法

2 内側サイズ形体の包絡の条件

　上の許容サイズ（LUS）に適用する指定演算子の2点間サイズと，下の許容サイズ（LLS）に適用する指定演算子の最大内接サイズとを組み合わせて同時に用いる条件．指示方法を図3-1-11に示す．表3-1-10，表3-1-11はJIS B 0420-1による．

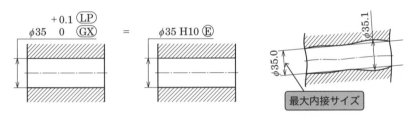

図 3-1-11　内側サイズ形体における包絡の条件の指示方法

表 3-1-10　長さにかかわるサイズの指定条件

条件記号	説　明
LP	2点間サイズ
LS	球で定義される局部サイズ
GG	最小二乗サイズ（最小二乗当てはめ判定基準による）
GX	最大内接サイズ（最大内接当てはめ判定基準による）
GN	最小外接サイズ（最小外接当てはめ判定基準による）
CC	円周直径（算出サイズ）
CA	面積直径（算出サイズ）
CV	体積直径（算出サイズ）
SX	最大サイズ*
SN	最小サイズ*
SA	平均サイズ*
SM	中央サイズ*
SD	中間サイズ*
SR	範囲サイズ*

＊　順位サイズは，算出サイズ，全体サイズ，または局部サイズの
　　補足として使用できる．

表 3-1-11　サイズの標準指定条件

説　明	記　号	例
包絡の条件 (envelope requirement)	Ⓔ	10 ± 0.1 Ⓔ
形体の任意の限定部分	／（理想的な）長さ	10 ± 0.1 ⒼⒼ /5
任意の横断面 (any cross section)	ACS	10 ± 0.1 ⒼⓍ ACS
特定の横断面 (specified cross section)	SCS	10 ± 0.1 ⒼⓍ SCS
複数の形体指定	形体の数×	2 × 10 ± 0.1 Ⓔ
連続サイズ形体の公差 (common feature of size tolerance)	CT	2 × 10 ± 0.1 Ⓔ CT
自由状態（free state）	Ⓕ	10 ± 0.1 ⓁⓅ ⓈⒶ Ⓕ
区間指示	◄──►	10 ± 0.1 A ◄──► B

3.2　幾何公差

Point
・データムについて理解する．
・幾何公差の記号と意味を理解する．
・最大実体公差方式について理解する．

　形状やゆがみに対しては，それに対する公差が必要である．理論的に正確な形状，姿勢，位置，振れの基準からのずれ量を**幾何偏差**といい，「幾何偏差の許容値」のことを**幾何公差**という．

形　体

　形体とは，表面，穴，ねじ山，面取り部分，輪郭のような加工物の特定の特性の部分であり，現実に存在しているもの（例：円筒の外側表面）または派生したもの（例：軸線または中心平面）である．幾何公差では大きく以下の二つに分類される．

　① 単独形体：データムに関連せずに，幾何偏差が決められる形体．
　② 関連形体：データムに関連して，幾何偏差が決められる形体．

データム

　データムとは，関連形体に幾何公差を指示するとき，その公差域を規制するために設定した理論的に正確な幾何学的基準のことである．データムが平面である場合の考え方を図 3-2-1 に示す（図例は JIS B 0021 および 0022 による）．

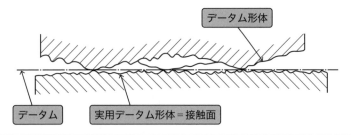

データム形体	：データを設定するために用いる対象物の実際の形体（部品の表面や穴など）
実用データム形体	：データム形体に接してデータム設定を行う場合に用いる十分に精密な形状をもつ実際の表面（定盤や軸受やマンドレルなど）
データム系	：二つ以上のデータムを組み合わせて用いる場合のデータムのグループ

図 3-2-1　幾何公差のためのデータム

データム文字記号をもつデータム三角記号は，図 3-2-2 のように用いて指示する．なお，三角記号を塗りつぶしたもの（▲）と塗りつぶさないもの（△）はどちらを用いてもよいが，図面の中で統一するとよい．

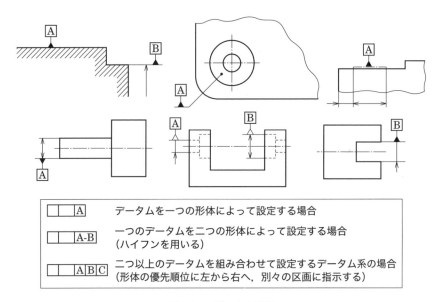

図 3-2-2　データム記号

図 3-2-3 に，三つのデータムを用いて穴の軸心の位置を指定した例を示し，図 3-2-4 に，二つの形体によって設定した共通データムを用いて同軸度を指定した例を示す．

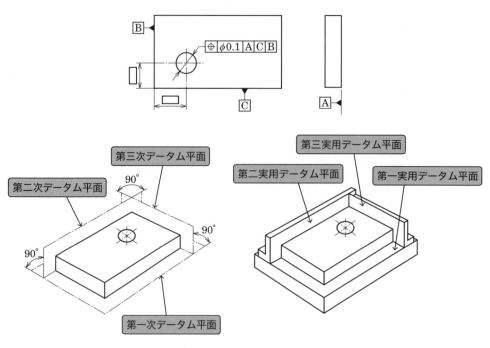

図 3-2-3　三つのデータムを用いて穴の軸心の位置を指定した例

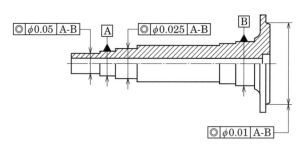

図 3-2-4　二つの形体によって設定した共通データムを用いて同軸度を指定した例

3.2

3　幾何公差の種類とその記号

幾何公差の種類とその記号を表 3-2-1（JIS B 0021 による）に示す.

表 3-2-1　幾何公差の種類とその記号

公差の種類	特　性	記　号	データム指示	説　明	記　号
形状公差	真直度	—	否	公差付き形体指示	
	平面度	▱	否		
	真円度	○	否	データム指示	Ⓐ　Ⓐ
	円筒度	⌀	否		
	線の輪郭度	⌒	否	データムターゲット	⌀2/A1
	面の輪郭度	⌓	否		
姿勢公差	平行度	//	要	理論的に正確な寸法	50
	直角度	⊥	要	突出公差域	Ⓟ
	傾斜度	∠	要	最大実体公差方式	Ⓜ
	線の輪郭度	⌒	要	最小実体公差方式	Ⓛ
	面の輪郭度	⌓	要		
位置公差	位置度	⊕	要・否	自由状態（非剛性部品）	Ⓕ
	同心度（中心点に対して）	◎	要		
	同軸度（軸線に対して）	◎	要	全周（輪郭度）	
	対称度	≡	要	包絡の条件	Ⓔ
	線の輪郭度	⌒	要	共通公差域	CZ
	面の輪郭度	⌓	要		
振れ公差	円周振れ	/	要		
	全振れ	//	要		

4　幾何公差の記入枠

図面に指示する際の，幾何公差の記入枠の JIS 規格は，以下のとおりである．

① 二つ以上に分割した長方形の枠の中に記入する．

| — | 0.1 | | // | 0.1 | A |

② 公差域が，円筒形であれば記号 φ，また球であれば S φ を公差値の前に付ける．

円筒形→ | ⊕ | φ0.1 | A | C | B |　　球→ | ⊕ | Sφ0.1 | A | B | C |

③ 二つ以上の形体に適用する場合には，記号×を用いて数を公差記入枠の上側に指示する．

6×
| ▱ | 0.2 |　　$6×\phi12^{0}_{-0.02}$
| ⊕ | φ0.1 |

④ 一つの形体に対して二つ以上の公差を指定する場合は，公差指示に矛盾がないように，公差記入枠の下側に公差枠を付けて示す．

| — | 0.01 | |
| // | 0.06 | B |

83

5 幾何公差付き形体

公差付き形体は，図3-2-5のように，公差記入枠の右側または左側から引き出した指示線によって，公差付き形体に結び付けて示す（図はJIS B 0021による）.

① 線または表面に公差を指示する場合には，形体の外形線上または外形線の延長上に，寸法線の位置と**明確に離して示す**（図(a)）.

② 表面に点を付けて引き出した引出線上に当ててもよい（図(b)）.

③ 寸法を指示した形体の軸線または中心平面もしくは1点に公差を指示する場合には，**寸法線の延長線上が指示線になるように指示する**（図(c)）.

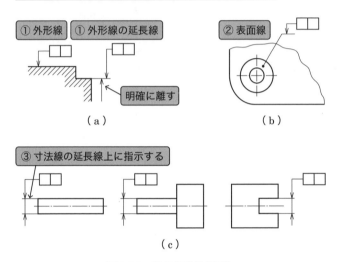

図 3-2-5　幾何公差付き形体

 6 幾何公差の公差域

公差域について，JIS B 0021の図例をもとに説明する．**公差域**の幅は，図3-2-6に示すように，指定した幾何形状に垂直に適用する．ただし，図3-2-7のように特に指定した場合は除く.

図3-2-6に示すように，一方向に公差を指示した軸線または点の場合には，位置を決める公差域の幅の姿勢は，理論的に正確な寸法で決められた位置にあり，指示線の矢の方向で指示されたように0°または90°である.

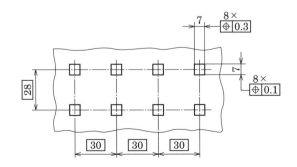

図 3-2-6　公差域の幅（指示線の矢の方向）

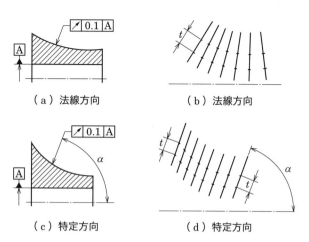

（a）法線方向 （b）法線方向

（c）特定方向 （d）特定方向

図3-2-7　公差域の幅（法線方向と特定方向）

　いくつか離れた形体に対して同じ公差域を適用する場合は，図3-2-8のように指示することができる.

　いくつか離れた形体に対して一つの公差域を適用する場合は，図3-2-9のように公差記入枠の中に「CZ」を記入する.

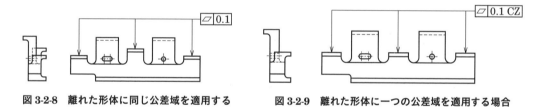

図3-2-8　離れた形体に同じ公差域を適用する場合

図3-2-9　離れた形体に一つの公差域を適用する場合

　位置度，輪郭度，傾斜度の公差を形体に指定する場合，理論的に正確な位置，姿勢，輪郭を決める寸法（距離を含む）を「理論的に正確な寸法」といい，図3-2-10のように，公差を付けず長方形の枠で囲んで示す.

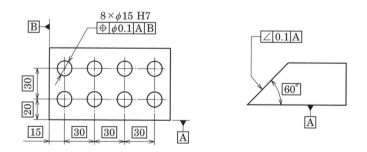

図3-2-10　理論的に正確な寸法の指定

3.2 7 各種幾何公差の公差域の定義と指示例

表 3-2-2 に幾何公差の公差域と指示例を示す（JIS B 0021 による）.

表 3-2-2　各種幾何公差の公差域の定義と指示例

（単位：mm）

記　号	公差域の定義	指示方法および説明
	真直度公差	
—	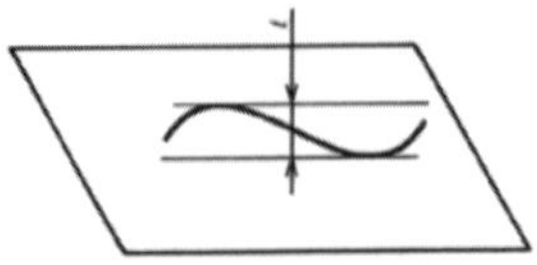 公差域は，t だけ離れた平行二平面によって規制される.	上側表面上で，指示された方向における投影面に平行な任意の実際の（再現した）線は，0.1 だけ離れた平行二直線の間になければならない. 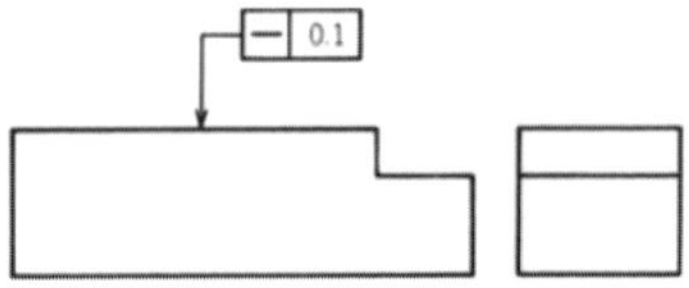 円筒表面上の任意の実際の（再現した）母線は，0.1 だけ離れた平行二平面の間になければならない.
	公差値の前に記号 ϕ を付記すると，公差域は直径 t の円筒によって規制される. 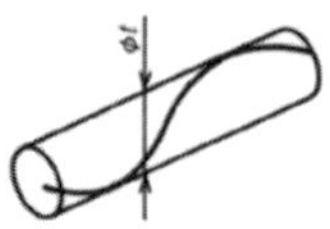	公差を適用する円筒の実際の（再現した）軸線は，直径 0.08 の円筒公差域の中になければならない. 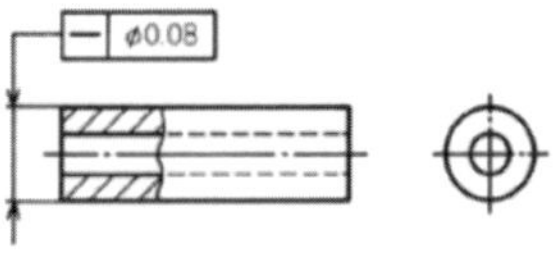
	平面度公差	
▱	公差域は，距離 t だけ離れた平行二平面によって規制される. 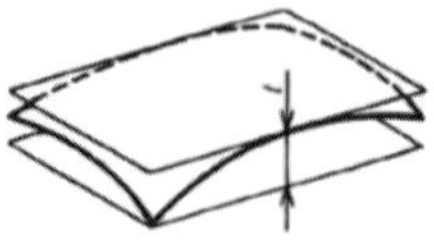	実際の（再現した）表面は，0.08 だけ離れた平行二平面の間になければならない. 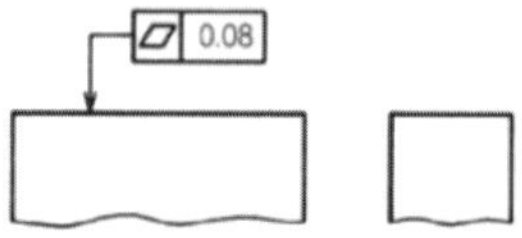
	真円度公差	
○	対象とする横断面において，公差域は同軸の二つの円によって規制される. 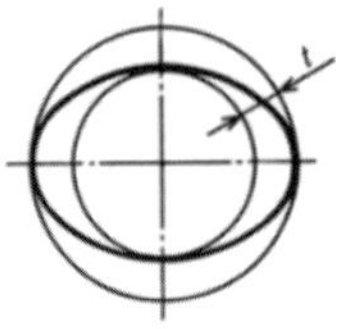	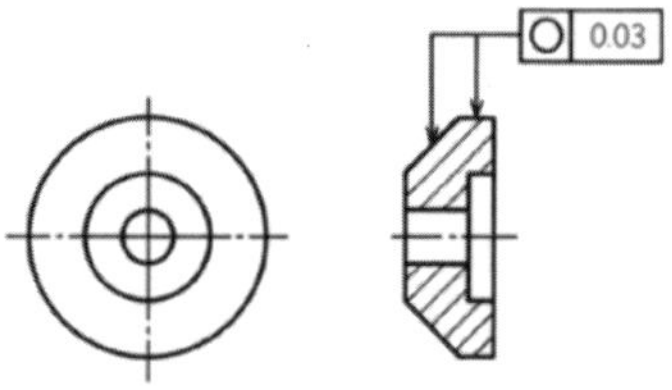 円すい表面の任意の横断面内において，実際の（再現した）半径方向の線は，半径距離で 0.03 だけ離れた共通平面上の同軸の二つの円の間になければならない.

（次ページにつづく）

記　　号	公差域の定義	指示方法および説明

円筒度公差

	公差域は，距離 t だけ離れた同軸の二つの円筒によって規制される． 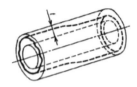	実際の（再現した）円筒表面は，半径距離で 0.1 だけ離れた同軸の二つの円筒の間になければならない． 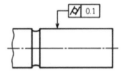

データムに関連しない線の輪郭度公差（ISO 1660）

	公差域は，直径 t の各円の二つの包絡線によって規制され，それらの円の中心は，理論的に正確な幾何学形状をもつ線上に位置する． 	指示された方向における投影面に平行な各断面において，実際の（再現した）輪郭線は，直径 0.04 の，そしてそれらの円の中心は，理想的な幾何学形状をもつ線上に位置する円の二つの包絡線の間になければならない． 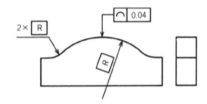

データムに関連した線の輪郭度公差（ISO 1660）

	公差域は，直径 t の各円の二つの包絡線によって規制され，それらの円の中心は，データム平面 A およびデータム平面 B に関して理論的に正確な幾何学形状をもつ線上に位置する． 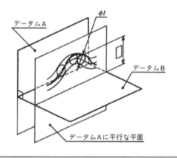	指示された方向における投影面に平行な各断面において，実際の（再現した）輪郭線は，直径 0.2 の，そしてそれらの円の中心は，データム平面 A およびデータム平面 B に関して理論的な幾何学輪郭をもつ線上に位置する円の二つの包絡線の間になければならない． 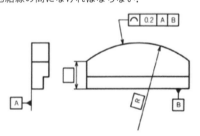

データムに関連しない面の輪郭度公差（ISO 1660）

	公差域は，直径 t の各球の二つの包絡線によって規制され，それらの球の中心は，理論的に正確な幾何学形状をもつ線上に位置する． 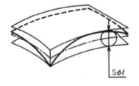	実際の（再現した）表面は，直径 0.02 の，それらの球の中心が理論的に正確な幾何学形状をもつ表面上に位置する各球の二つの包絡面の間になければならない． 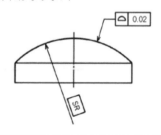

（次ページにつづく）

記　号	公差域の定義	指示方法および説明

データムに関連した面の輪郭度公差（ISO 1660）

公差域は，直径 t の各球の二つの包絡面によって規制され，それらの球の中心は，データム平面 A に関して理論的に正確な幾何学形状をもつ表面上に位置する．

実際の（再現した）表面は，直径 0.1 の，それらの球の二つの等間隔の包絡面の間にあり，その球の中心は，データム平面 A に関して理論的な幾何学形状をもつ表面上に位置する．

⌒ 記号列

データム平面に関連した表面の平行度公差

公差域は，距離 t だけ離れ，データム平面に平行な平行二平面によって規制される．

実際の（再現した）表面は，0.01 だけ離れ，データム平面 D に平行な平行二平面の間になければならない．

データム直線に関連した線の平行度公差

もし，公差値の前に記号 ϕ が付記されると，公差域はデータムに平行な直径 t の円筒によって規制される．

実際の（再現した）軸線は，データム軸直線 A に平行な直径 0.03 の円筒公差域の中になければならない．

// 記号列

データム平面に関連した線の平行度公差

公差域は，距離 t だけ離れ，データム平面 B に平行な平行二平面によって規制される．

実際の（再現した）軸線は，0.01 だけ離れ，データム平面 B に平行な平行二平面の間になければならない．

（次ページにつづく）

記　号	公差域の定義	指示方法および説明
⊥	**データム直線に関連した表面の直角度公差** 公差域は，距離 t だけ離れ，データムに直角な平行二平面によって制限される． 	実際の（再現した）表面は，0.08 だけ離れ，データム軸直線 A に直角な平行二平面の間になければならない．
	データム平面に関連した表面の直角度公差 公差域は，距離 t だけ離れ，データムに直角な平行二平面によって規制される． 	実際の（再現した）表面は，0.08 だけ離れ，データム平面 A に直角な平行二平面の間になければならない．
∠	**データム平面に関連した平面の傾斜度公差** 公差域は，距離 t だけ離れ，データムに対して指定した角度で傾いた平行二平面によって規制される． 	実際の（再現した）表面は，0.08 だけ離れ，データム平面 A に対して理論的に正確に 40° 傾斜した平行二平面の間になければならない．

記 号	公差域の定義	指示方法および説明

線の位置度公差

公差値に記号 ϕ が付けられた場合には，公差域は直径 t の円筒によって規制される．その軸線は，データム C，A および B に関して理論的に正確な寸法によって位置付けられる．

実際の（再現した）軸線は，その穴の軸線がデータム平面 C，A および B に関して理論的に正確な位置にある直径 0.1 の円筒公差域の中になければならない．

個々の穴の実際の（再現した）軸線は，データム平面 A，B および C に関して理論的に正確な位置にある 0.1 の円筒公差域の中になければならない．

同心度公差および同軸度公差

点の同心度公差

公差値に記号 ϕ が付けられた場合には，公差域は，直径 t の円によって規制される．円形公差域の中心はデータム点 A に一致する．

外側の円の実際の（再現した）中心は，データム円 A に同心の直径 0.1 の円の中になければならない．

軸線の同軸度公差

公差値に記号 ϕ が付けられた場合には，公差域は直径 t の円筒によって規制される．円筒公差域の軸線はデータムに一致する．

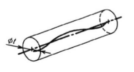

内側の円筒の実際の（再現した）軸線は，共通データム軸直線 A-B に同軸の直径 0.08 の円筒公差域の中になければならない．

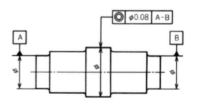

（次ページにつづく）

記　号	公差域の定義	指示方法および説明

対称度公差

中心平面の対称度公差

公差は，*t* だけ離れ，データムに関して中心平面に対称な平行二平面によって規制される．

実際の（再現した）中心平面は，データム中心平面 A に対称な 0.08 だけ離れた平行二平面の間になければならない．

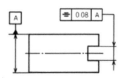

実際の（再現した）中心平面は，共通データム中心平面 A-B に対称で，0.08 だけ離れた平行二平面の間になければならない．

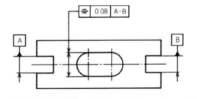

（記号欄）
≡

円周振れ公差

円周振れ公差－半径方向

公差域は，半径が *t* だけ離れ，データム軸直線に一致する同軸の二つの円の軸線に直角な任意の横断面内に規制される．

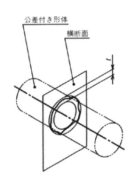

公差付き形体
横断面

通常，振れは軸のまわりに完全回転に適用されるが，1 回転の一部分に適用するために規制することができる．

回転方向の実際の（再現した）円周振れは，データム軸直線 A のまわりを，そしてデータム平面 B に同時に接触させて回転する間に，任意の横断面において 0.1 以下でなければならない．

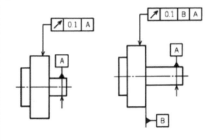

実際の（再現した）円周振れは，共通データム軸直線 A-B のまわりに 1 回転させる間に，任意の横断面において 0.1 以下でなければならない．

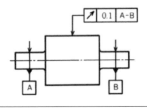

（記号欄）
↗

（次ページにつづく）

3.2

幾何公差

記　号	公差域の定義	指示方法および説明

全振れ公差

円周方向の全振れ公差

公差域は，t だけ離れ，その軸線はデータムに一致した二つの同軸円筒によって規制される． 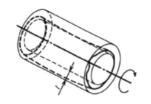		実際の（再現した）表面は，0.1 の半径の差で，その軸線が共通データム軸直線 A–B に一致する同軸の二つの円筒の間になければならない． 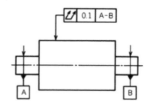

軸方向の全振れ公差

公差域は，t だけ離れ，データムに直角な平行二平面によって規制される． 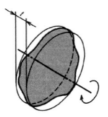	実際の（再現した）表面は，0.1 だけ離れ，データム軸直線 D に直角な平行二平面の間になければならない． 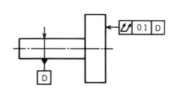

　　形状・姿勢・位置公差については，相互関係に矛盾が起きないよう，公差域を「形状＜姿勢＜位置」の順となるように指示する．

3.2 8 最大実体公差方式，最小実体公差方式

　　これらの公差方式は JIS B 0023 に規定されている．**最大（最小）実体公差方式**とは，寸法公差と幾何公差との間の相互依存関係を最大（最小）実体状態として与える方式である．最大（最小）実体公差を指示する場合は，公差域，またはデータム文字記号の後に Ⓜ（Ⓛ）記号を追加する．

　　寸法公差と幾何公差との間には基本的に関連性はない（独立の原則）が，ある場合には，両者に関連性をもたせたほうが機能を損なわず生産性に寄与することがある．

　　最大実体とは，例えば，軸については外形寸法が最大，穴部品では内径寸法が最小の状態を指す（体積最大）．

　　このような状態において与えられた姿勢公差や位置公差は，寸法が**最大実体状態**（MMC）から**最小実体状態**（LMC）に向かって変化するのに応じて，それだけ幾何公差が増大しても差し支えない，とするのが最大実体公差方式といわれるものである（図3-2-11）．

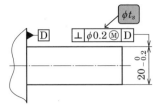
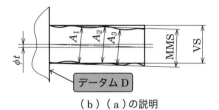

| （a）図示例 | （b）（a）の説明 |

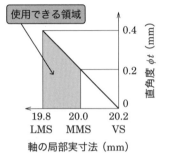

使用できる領域

軸の局部実寸法（mm）

$A_1 \sim A_3$（局部実寸法）$= \phi 19.8 \sim 20.0$ mm
MMS（最大実体寸法）$= \phi 20.0$ mm
ϕt_s（指示された直角度公差域）$= \phi 0.2$ mm
VS（実効寸法）$=$ MMS $+ \phi t_s = \phi 20.2$ mm
ϕt（許される直角度公差）$= \phi 0.2 \sim 0.4$ mm
・局部実寸法が $\phi 19.9$ mm であったとき，
　その点の直角度公差は $\phi 0.3$ mm まで許される．
・すべての局部実寸法が $\phi 19.8$ mm であれば，
　直角度公差は $\phi 0.4$ mm まで許される．
・すべての局部実寸法が $\phi 20.0$ mm であれば，
　直角度公差は $\phi 0.2$ mm となる．

（1）軸（外側形体）の最大実体公差方式の例

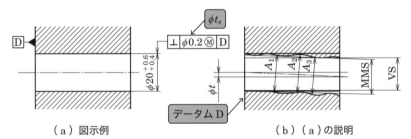

| （a）図示例 | （b）（a）の説明 |

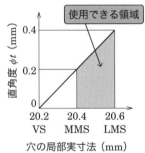

使用できる領域

穴の局部実寸法（mm）

$A_1 \sim A_3$（局部実寸法）$= \phi 20.4 \sim 20.6$ mm
MMS（最大実体寸法）$= \phi 20.4$ mm
ϕt_s（指示された直角度公差域）$= \phi 0.2$ mm
VS（実効寸法）$=$ MMS $- \phi t_s = \phi 20.2$ mm
ϕt（許される直角度公差）$= \phi 0.2 \sim 0.4$ mm
・局部実寸法が $\phi 20.5$ mm であったとき，
　その点の直角度公差は $\phi 0.3$ mm まで許される．
・すべての局部実寸法が $\phi 20.6$ mm であれば，
　直角度公差は $\phi 0.4$ mm まで許される．
・すべての局部実寸法が $\phi 20.4$ mm であれば，
　直角度公差は $\phi 0.2$ mm となる．

（2）穴（内側形体）の最大実体公差方式の例

図 3-2-11　最大実体公差方式

9 普通幾何公差

　普通幾何公差は JIS B 0419 に規定され，図面上に幾何公差の指示がない部品を規制するものである（表 3-2-3～表 3-2-6）．図面上にこの普通幾何公差（例えば，中級 K）を適用する場合には，「JIS B 0419-mK」[※]を表題欄の中またはその付近に指示する．

※　「JIS B 0419-mK」の例は，JIS B 0405 による普通公差（中級 m）も適用するよう示されている．

表 3-2-3　真直度・平面度の普通公差

公差等級	呼び長さの区分					
	10 以下	10 を超え 30 以下	30 を超え 100 以下	100 を超え 300 以下	300 を超え 1000 以下	1000 を超え 3000 以下
	真直度公差および平面度公差					
H（精級）	0.02	0.05	0.1	0.2	0.3	0.4
K（中級）	0.05	0.1	0.2	0.4	0.6	0.8
L（粗級）	0.1	0.2	0.4	0.8	1.2	1.6

注：真直度は該当する線の長さ，平面度は長方形では長いほうの辺の長さ，円形では直径をそれぞれ基準とする．

（単位：mm）

表 3-2-4　直角度の普通公差

公差等級	短いほうの辺の呼び長さの区分			
	100 以下	100 を超え 300 以下	300 を超え 1000 以下	1000 を超え 3000 以下
	直角度公差			
H（精級）	0.2	0.3	0.4	0.5
K（中級）	0.4	0.6	0.8	1
L（粗級）	0.6	1	1.5	2

注：直角を形成する二辺のうち長いほうの辺をデータムとする．二つの辺が等しい呼び長さの場合には，いずれの辺をデータムとしてもよい．

（単位：mm）

表 3-2-5　対称度の普通公差

公差等級	呼び長さの区分			
	100 以下	100 を超え 300 以下	300 を超え 1000 以下	1000 を超え 3000 以下
	対称度公差			
H（精級）	0.5			
K（中級）	0.6		0.8	1
L（粗級）	0.6	1	1.5	2

注：対称度のデータム指定は，二つの形体のうち長いほうをデータムとする．また，形体が等しい呼び長さのときは，いずれの形体をデータムとしてもよい．

（単位：mm）

表 3-2-6　円周振れの普通公差

公差等級	円周振れ公差
H（精級）	0.1
K（中級）	0.2
L（粗級）	0.5

注：この公差のデータム指定は以下に従う．
1）図面上に指示面が指定されたときは，その面をデータムとする．
2）半径方向の円周振れに対して，二つの形体のうち長いほうをデータムとする．
3）形体の呼び長さが等しいときは，どの形体をデータムとしてもよい．

（単位：mm）

Point
・部品表面の粗さの定義について理解する.
・表面性状の図示記号と図示方法を理解する.

1 部品表面の粗さの定義

　機械部品のほとんどが「削る」という機械加工によって製作される. 加工された表面には, 刃が削った跡として凹凸や筋目が残る. このため, 部品の用途に合わせて表面の凹凸の程度を指示する必要がある. 加工表面の凹凸やうねり, 筋目などを総称して**表面性状**と呼ぶ. 表面性状は JIS B 0601 をはじめとする「製品の幾何特性仕様（geometrical product specifications：GPS）- 表面性状」で規格化されている.

　表面性状の測定には, 接触式表面粗さ測定機を用いて, 加工表面を触針で直接なぞって測定する輪郭曲線方式が用いられる. 測定機により計測された表面の形状（測定曲線）から短波長成分（表面の凹凸よりも十分細かい変化）と長波長成分（「うねり成分」と呼ぶ）を除いたものを**粗さ曲線**と呼ぶ. 加工表面の粗さは, この粗さ曲線の凹凸を指す.

　加工表面の凹凸の程度はどのように数値化したらよいであろうか. 凹凸の平均値, 一番大きな凹凸, 凹みの深さ, 凸部の高さなど候補は数多くある. JIS B 0601 では, 大別して, 凹凸の高さの平均と, 凹凸の山の高さ・谷の深さの二つの粗さパラメータを定義している. ここでは, 一般的に用いられている**算術平均粗さ**（凹凸の高さの平均で表した粗さ定義の一つ）と**最大高さ粗さ**（山と谷の高さ・深さで表した粗さ定義の一つ）を説明する. 他の粗さの定義は JIS B 0601 を参照されたい.

1 算術平均粗さ（Ra）

　粗さ曲線の平均からの差を考える. この平均線に対し, 凸部は正, 凹みは負の値となる. この凹凸の平均値（簡単にいうと, 凹凸を全部足して総数で割ればよい）は, 正の値と負の値があるため 0 になる. そこで, すべて正の値とするために, 図 3-3-1 のように, 絶対値をとって平均化した凹凸の高さを算術平均粗さ **Ra** と定義する（二乗値を用いて定義した粗さは, 二乗平均平方根粗さと呼ぶ）.

2 最大高さ粗さ（Rz）

　粗さ曲線の最も深い凹みの最大谷深さ Zv から最も高い凸起の最大山高さ Zp までの高さを最大高さ粗さ **Rz** と定義する（図 3-3-2）.

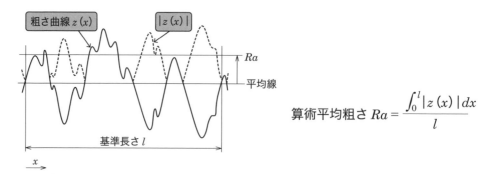

$$\text{算術平均粗さ } Ra = \frac{\int_0^l |z(x)|\,dx}{l}$$

図 3-3-1　算術平均粗さ Ra の定義

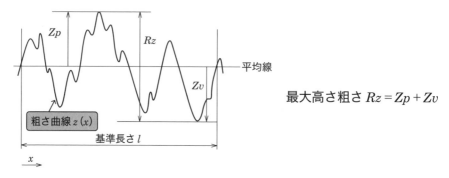

$$\text{最大高さ粗さ } Rz = Zp + Zv$$

図 3-3-2　最大高さ粗さ Rz の定義

3.3 ② 表面性状の図示記号

　表面性状は，JIS B 0031 に規定された図示記号を用いて対象となる加工面に指示する．基本となる図示記号は図 3-3-3 に示す 3 パターンで，要求事項がある場合は図 3-3-4 のように描く．要求事項は，① 粗さパラメータ（通過帯域または基準長さ，表面性状パラメータ記号とその数値），② 加工方法，③ 筋目の方向，④ 削り代の 4 種である．必要に応じて要求事項を付ける．

（a）除去加工の有無を問わない場合　（b）除去加工しない場合　（c）除去加工する場合

図 3-3-3　表面性状の図示記号

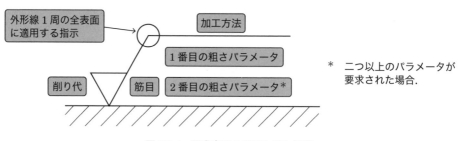

＊　二つ以上のパラメータが要求された場合．

図 3-3-4　要求事項の項目と記入位置

表面性状の図示記号は図3-3-5に従って描く．各寸法は，文字と同様に線の太さにより表3-3-1に従う．

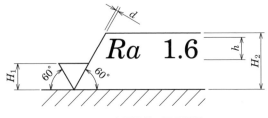

図 3-3-5　表面性状の図示記号

表 3-3-1　表面性状図示記号の寸法

線の太さ d	0.35	0.5	0.7	1.4
高さ H_1	5	7	10	20
高さ H_2	11	15	21	42
数字および文字の高さ h（JIS Z 8313-1）	3.5	5	7	14

■1 粗さパラメータの数値

粗さパラメータは，通過帯域または基準長さ，表面性状パラメータ記号とその数値で指示するが，ここでは粗さパラメータの数値のみ説明する．通過帯域または基準長さなどの指示法は JIS B 0031 および 0601 を参照されたい．

粗さパラメータに用いられる数値は JIS B 0031 により標準数が指定されており，**μm**の単位で指示する．2番目の粗さパラメータは上限値・下限値を指示する場合に用いられ，上限値には U，下限値には L をパラメータの前に付ける（図3-3-9参照）．滑らかな面に仕上げるためには，時間をかけ，より精密な加工を要するため，数値が小さいほどコストがかかる．したがって，用途に合わせて使い分けなければならない．

表 3-3-2　粗さパラメータの数値

Ra	仕上区分	表面仕上程度	費用	加工法	適用例	旧JIS記号
0.1	超仕上げ	きずがない	40	超仕上げ，精密ホーニング，ラッピング，ポリッシング	高速精密軸受，シリンダ内面	▽▽▽▽
0.4	研削	精度よく滑らか	25	仕上げ研磨，ラッピング	軸受面，精密歯車のかみ合い面，光沢のある外観をもつ精密仕上げ面	
0.8 1.6	滑らか	精密仕上げ	18	精密旋削，ラフな研磨，精密フライス	クランクピン，横軸受面，歯車の歯のかみ合い面 玉軸受の外輪外面，弁と弁座の着座面，歯先面，すり合わせ仕上げを施す面	▽▽▽
3.2 6.3	並仕上げ	機械仕上げの普通仕上げ	6	形削り，フライス，中ぐり，旋削	フランジ面軸と穴のはめあい面，パッキン押えのはめあい面，キー・キー溝，ねじ山，接着面 ボス・リムの端面，滑車の溝面	▽▽
12.5 25	荒削り	非常に粗い旋削面	1	鋳造，鍛造，粗い旋削	軸の端面，他の部品と接触しない面 黒皮を除く程度の荒仕上げ面	▽

表3-3-2に粗さパラメータの数値に合わせて主な用途，加工方法，コストの比較を示す．購入部品の取付け部はカタログに記されている推奨値に従う．

2 加工方法

　加工方法により製作可能な粗さの範囲が異なるため，粗さパラメータと併せて加工方法も指示したほうがよい．表3-3-3に，加工方法の指示に用いる記号と製作可能範囲を示す．

表3-3-3　代表的な加工方法の記号と製作可能範囲

加工方法	記号	Ra（μm）								
		0.1	0.2	0.4	0.8	1.6	3.2	6.3	12.5	25
鋳造	C						精	密	←	→
鍛造	F						精	密		
旋盤	L	←	精	密		上		中		荒 →
穴あけ	D									
リーマ仕上げ	FR			精	密					
中ぐり	B				精	密				
フライス削り	M				精	密				
ブローチ削り	BR			精	密					
研削	G	精密		上		中		荒		

表3-3-4　筋目方向の記号

記号	説明図と解説		加工方法の例
＝	筋目の方向が，記号を指示した図の投影面に平行		形削り，旋削，研削
⊥	筋目の方向が，記号を指示した図の投影面に直角		形削り，旋削，研削
X	筋目の方向が，記号を指示した図の投影面に斜めで2方向に交差		ホーニング
M	筋目の方向が，多方向に交差		正面フライス削り，エンドミル削り
C	筋目の方向が，記号を指示した面の中心に対してほぼ同心円状		正面旋削
R	筋目の方向が，記号を指示した面の中心に対してほぼ放射状		端面研削
P	筋目が，粒子状のくぼみ，無方向または粒子状の突起		放電加工，超仕上げ，ブラスチング

筋目の方向

加工面には刃先によって**筋目**が生じる．筋目の方向は，表 3-3-4 に示す記号を用いて指示する（JIS B 0031）．

4 削り代

削り代は，切削などの後加工による仕上げが必要な場合，鋳造品・鍛造品の素形材の形状から削り落とす分として仕上がり寸法よりも予め大きめにとった部分を指し，その数値は mm の単位で指示する．

3 表面性状の図示方法

表面性状の図示記号は以下に従って図面に示す（JIS B 0031）．

① 図示記号の向きは，図面の下辺または右辺から読める向きとする（図 3-3-6）．

② 図示記号は，原則として指示したい面を表す外形線に接するように記入する（図 3-3-6）．

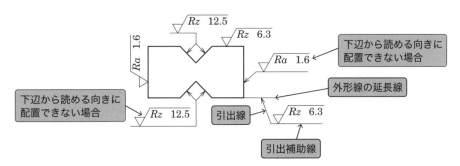

図 3-3-6 外形線に対して指示する場合

③ 外形線に接するように指示できない場合は

a）指示する面に矢印で接する引出線につながった引出補助線

b）外形線の延長線

c）寸法補助線または寸法補助線に矢印で接する引出線につながった引出補助線に接するように記入してもよい（図 3-3-7 (a)）．

④ 図示記号または引出線を用いる場合の矢印は，部品の外側（表面側）に接するように指示する．

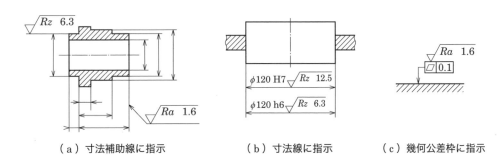

（a）寸法補助線に指示　　　　（b）寸法線に指示　　　　（c）幾何公差枠に指示

図 3-3-7 外形線以外に指示する方法

⑤　円筒面のように誤った解釈が起きないような場合は，寸法線に接するように指示してもよい（図3-3-7 (b)）.

⑥　明らかに面を指示している幾何公差枠の上側に接するように指示してもよい（図3-3-7 (c)）.

⑦　大部分に同じ表面性状を指示する場合は，照合番号の傍らにのみ記入して，部品には指示しない．ただし，一部に異なる表面性状がある場合は，その横に使用する表面性状を（　　）で囲んで示し，その表面性状の図示記号のみ，部品に指示する（図3-3-8）.

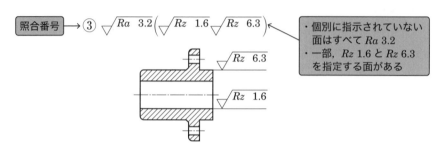

図3-3-8　大部分に同じ表面性状を指示する場合

⑧　文字を用いて簡略参照指示を行ってもよい（図3-3-9）.

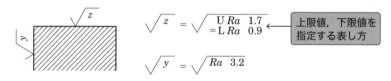

図3-3-9　文字を用いて簡略参照指示をする方法

第 **4** 章

材料記号

Point
・部品表に記入する材料記号のルールを理解する.
・部品表の材料記号からどのような材料を使用しているのかを理解できるようにする.
・使用したい材料を材料記号で表せるようにする.

　部品図などは,表題欄あるいは部品表の材質欄に,JIS で定められた**材料記号**を用いて材料を指定する必要がある.材料記号としては,JIS G で鉄鋼,JIS H で非鉄金属に関する規格を定めている.

　鉄鋼材料は化学成分と用途・製法などを組み合わせて,図 4-1 のように分類されている.

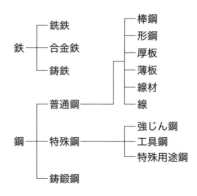

図 4-1　鉄鋼材料の分類

　金属の記号は英語,ローマ字,数字などを組み合わせた三つの部分(材質,製品名,種類)から構成される.
　①　1 番目の部分は「材質」を表す(表 4-1).
　②　2 番目の部分は「規格名」または「製品名」を表す(表 4-2).
　③　3 番目の部分は「種類」を示す(表 4-3).
これらに加えてさらに
　④　4 番目の記号により「形状」,「製造方法」,「熱処理」の情報を示す(表 4-4).

表 4-1　1 番目の記号

材　料	記　号	名　　称	例
鉄鋼	S	鋼(Steel)	S S 400
	F	鉄(Ferrum)	F C 200
非鉄金属	A	アルミニウム(Aluminum)	A 2017 P
	C	銅(Copper)	C 2600 R
	M	マグネシウム(Magnesium)	M C 2
	Pb	鉛(元素記号)	Pb T 2

表 4-2　2 番目以降の記号

材料	分類	記号	名称	例
鋼	成分別記号	45C	0.45％の炭素（C）含有量	S 45C
		15CK	0.15C の肌焼き用（高級：K）	S 15CK
	製法別記号	C360	最低引張強さ 360 MPa の鋳鋼	S C360
		CC	炭素鋼鋳鋼品（Casting + Carbon）	S CC 5
	製品形状別記号	PC	冷間圧延鋼板（Cold rolled steel Plate）	S PC C
		PH	熱間圧延鋼板（Hot rolled steel Plate）	S PH C
		CM	クロムモリブデン鋼鋼材 (Chromium Molybdenum steel)	S CM 420
		W	線（Wire）	S W A
	用途別記号	K	炭素工具鋼（Kogu）	S K 85
		S400	最低引張強さ 200 MPa の一般構造用圧延鋼材（Structural）	S S400
		US	ステンレス鋼（Use + Stainless）	S US 304
鋳鉄	成分別記号	C200	最低引張強さ 200 MPa の鋳鉄（Casting）	F C200
		CD	球状黒鉛鋳鉄（Casting + Ductile）	F CD 450
非鉄金属	製造法別記号	C	鋳造品（Casting）	CA C 101
	製品形状別記号	B	棒（Bar）	M B 1
		P	板（Plate）	Pb P
		S	形材（Shape）	M S 4
		T	管（Tube）	Pb T -2
		W	線（Wire）	T W 270
	用途別記号	J	軸受	W J 5

表 4-3　3 番目の記号

材料	記号文字または数字の意味	例
鉄鋼	最低引張強さ MPa	S S 400
	1 種を 1，2 種を 2（以下同様）と示す	S BV 1 B
	A 種を A，B 種を B（以下同様）と示す	S W C
	1 種を C，2 種を D，3 種を E と示す	S PC D
非鉄金属	最低引張強さ MPa	T W 270
	1 種を 1，2 種を 2（以下同様）と示す	A DC 3

　一方，機械構造用鋼鋼材（炭素鋼，合金鋼），伸銅品，アルミニウム展伸材は，2 番目の部分以降は独自の記号体系が定められている．

　<u>**機械構造用炭素鋼鋼材**</u>および構造用合金鋼鋼材の種類記号は，次のように規定される．

　種類記号は，鋼を表す記号（S），主要合金元素記号，主要合金元素量コード，炭素量の代表地，および付加記号から構成される．種類記号はすべて構成順に左詰めで表される（図 4-2）．

表 4-4　4 番目の記号

分　類	記　号	名　称	例
形状	B	棒（Bar）	S US 304-B
	CP	冷延板（Cold Plate）	S US 304-CP
	CS	冷延帯（Cold Strip）	S US 304-CS
	CSP	ばね用冷間圧延鋼帯（Cold Strip Spring）	S US 304-CSP
製造方法	-R	リムド鋼（Rimmed Steel）	S W CH 10 R
	-K	キルド鋼（Killed Steel）	S W CH 10 K
	-T8	切削（Turning）等級 8 級	S 45C-T8
	-G7	研削（Grinding）等級 7 級	S 45C-G8
熱処理	N	焼ならし（Normalizing）	S 45C-N
	Q	焼入れ焼戻し（Quenching）	S 45C-Q
	A	焼なまし（Annealing）	S 45C-A

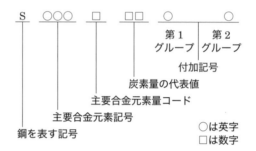

図 4-2　種類記号の順位

伸銅品の材料記号は，次のように「C と 4 桁の数字」で表示される．

1位 2位 3位 4位 5位
C ＊ ＊ ＊ ＊

　材料記号のうち，第 1 位は銅を表す C で，第 2 位の数字は，主要添加元素によって表 4-5 のように分類されている．第 3 位以降は，各銅合金の種類番号を示す．

アルミニウムの材料記号は，次のように「A と 4 桁の数字」で表示される．

1位 2位 3位 4位 5位
A ＊ ＊ ＊ ＊

　材料記号のうち，第 1 位はアルミニウムを表す A で，第 2 位の数字は，主要添加元素によって表 4-6 のように分類されている．第 3 位以降は，各アルミニウム合金の種類番号を示す．

表 4-5 　各種銅合金（JIS H3100）
（JIS H 3100 参考）

名　称	説　明
C1000 番台	Cu，高 Cu 系合金
C2000 番台	Cu-Zn 系合金
C3000 番台	Cu-Zn-Pb 系合金
C4000 番台	Cu-Zn-Sn 系合金
C5000 番台	Cu-Sn 系合金 Cu-Sn-Pb 系合金
C6000 番台	Cu-Al 系合金 Cu-Si 系合金 特殊 Cu-Zn 系合金
C7000 番台	Cu-Ni 系合金 Cu-Ni-Zn 系合金

表 4-6 　各種アルミニウム合金（JIS H4000）
（JIS H 4000 参考）

名　称	説　明
A1000 番台	純アルミニウム
A2000 番台	Al-Cu 系合金
A3000 番台	Al-Mn 系合金
A4000 番台	Al-Si 系合金
A5000 番台	Al-Mg 系合金
A6000 番台	Al-Mg-Si 系合金
A7000 番台	Al-Zn-Mg 系合金
A8000 番台	上記以外の系統の合金

表 4-7　アルミニウム合金ダイカストの種類および記号（JIS H5302）

種　類	記　号	参　考	
		合金系	合金の特色
アルミニウム合金ダイカスト 1種	ADC1	Al-Si 系	耐食性，鋳造性がよい．耐力が幾分低い．
アルミニウム合金ダイカスト 3種	ADC3	Al-Si-Mg 系	衝撃値および耐力が高く，耐食性も ADC1 とほぼ同等で，鋳造性が ADC1 より若干劣る．
アルミニウム合金ダイカスト 5種	ADC5	Al-Mg 系	耐食性が最もよく，伸び，衝撃値が高いが，鋳造性が悪い．
アルミニウム合金ダイカスト 6種	ADC6	Al-Mg-Mn 系	耐食性は ADC5 に次いでよく，鋳造性は ADC5 より若干よい．
アルミニウム合金ダイカスト 10種	ADC10	Al-Si-Cu 系	機械的性質，被削性，鋳造性がよい．
アルミニウム合金ダイカスト 10種 Z	ADC10Z	Al-Si-Cu 系	ADC10 より耐鋳造割れおよび耐食性が劣る．
アルミニウム合金ダイカスト 12種	ADC12	Al-Si-Cu 系	機械的性質，被削性，鋳造性がよい．
アルミニウム合金ダイカスト 12種 Z	ADC12Z	Al-Si-Cu 系	ADC12 より耐鋳造割れおよび耐食性が劣る．
アルミニウム合金ダイカスト 14種	ADC14	Al-Si-Cu-Mg 系	耐摩耗性がよく，湯流れ性がよく，耐力が高く，伸びが劣る．
アルミニウム合金ダイカスト Si9種	Al Si9	Al-Si 系	耐食性がよく，伸び，衝撃値も幾分よいが，耐力が幾分低く，湯流れ性が劣る．
アルミニウム合金ダイカスト Si12Fe種	Al Si12（Fe）	Al-Si 系	耐食性，鋳造性がよい．耐力が幾分低い．
アルミニウム合金ダイカスト Si10MgFe種	Al Si10Mg（Fe）	Al-Si-Mg 系	衝撃値および耐力が高く，耐食性も ADC1 とほぼ同等で，鋳造性が ADC1 より若干劣る．
アルミニウム合金ダイカスト Si8Cu3種	Al Si8Cu3	Al-Si-Cu 系	ADC10 より耐鋳造割れおよび耐食性が劣る．
アルミニウム合金ダイカスト Si9Cu3Fe種	Al Si9Cu3（Fe）	Al-Si-Cu 系	ADC10 より耐鋳造割れおよび耐食性が劣る．
アルミニウム合金ダイカスト Si9Cu3FeZn種	Al Si9Cu3（Fe）（Zn）	Al-Si-Cu 系	ADC10 より耐鋳造割れおよび耐食性が劣る．
アルミニウム合金ダイカスト Si11Cu2Fe種	Al Si11Cu2（Fe）	Al-Si-Cu 系	機械的性質，被削性，鋳造性がよい．
アルミニウム合金ダイカスト Si11Cu3Fe種	Al Si11Cu3（Fe）	Al-Si-Cu 系	機械的性質，被削性，鋳造性がよい．
アルミニウム合金ダイカスト Si12Cu1Fe種	Al Si12Cu1（Fe）	Al-Si-Cu 系	ADC12 より伸びは幾分よいが，耐力はやや劣る．
アルミニウム合金ダイカスト Si17Cu4Mg種	Al Si17Cu4Mg	Al-Si-Cu-Mg 系	耐摩耗性がよく，湯流れ性がよく，耐力が高く，伸びが劣る．
アルミニウム合金ダイカスト Mg9種	Al Mg9	Al-Mg 系	ADC5 と同様に耐食性はよいが，鋳造性が悪く，応力腐食割れおよび経時変化に注意が必要．

第 5 章

検　　図

1 検図とは

　検図とは，完成した図面に誤りがないかをチェックする作業のことである．人間である以上，どんなベテランの製図者でも，検図なくしてミスなく図面を完成させることは不可能といってよい．そのため，一度完成した図面に対して誤りがないかをチェックする検図は，製図作業にとって非常に重要な作業工程といえる．検図は，図面を作図した製図者がチェックするのはいうまでもないが，企業では，第三者の検図者が再度図面を検図する．そして，承認者の認証を経て図面が正式に配布（出図）される場合が多い（図 5-1）．このように，製図者・検図者の検図を経て承認者の承認を得ることで，初めて図面は完成となる．

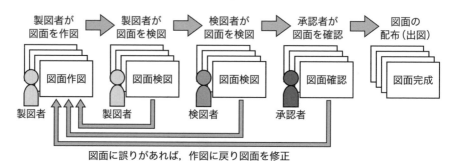

図 5-1　図面が配布（出図）されるまでの流れ

2 図面ミスによるリスク

　製図にとって良い図面とは，「ミスが少ない図面」ではなく，**「ミスがない図面」**を指す．すなわち，図面においてミスがあることは決してあってはならないことである．例えば，寸法漏れが 1 箇所あっただけでも，その図面の部品を製作することができなくなってしまう．これが製造途中で発覚した場合，生産ラインを一時停止しなければならず，納期遅れやコストの増加に直結する．また，寸法数値を間違えた場合は，組立てができなくなってしまうため，図面の修正や部品の再手配が必要となってくる．この場合も，組立工程をストップせざるをえなく，納期の遅れは避けられない．ここで，製造・組立工程の多くは生産スケジュールに則って行っている場合が多く，このような図面のミスにより，各工程がストップするだけで生産スケジュール全体の変更が余儀なくされる場合がある．このように，製品の製作には，多くの役割の人びとが携わっており，たとえわずかな図面のミスでも，多大な時間とコストがむだに帰すこともある．そのため，検図作業は非常に重要であり，検図に携わる者は責任をもって検図をしなくてはならない．

第5章

検

図

3 検図すべき項目の例

　検図でチェックすべき代表的な項目は次のとおりである．このほかにも，製品の仕様によっては検図でチェックすべき項目が多数ある．あらかじめ図5-2に示すような**チェックシート**などを作成して，チェックする項目をまとめておき，検図漏れがないような処置を講ずることがよい．

チェックリスト	検図チェック欄	
	製図者	検図者
(1) 図面全体について		
① 用紙の大きさは，規格に則っているのか		
② 図形の線や文字，数値は十分に濃く，明瞭で読みやすくなっているか		
(2) 図形について		
① すべての細部をはっきり示すことのできる尺度で描かれているか		
② 図形の配置と選定は適切か．また，不要な図形はないか		
③ 各図形の形状に誤りはないか		
④ 断面図や矢視図などは適切であるか		
⑤ 図形は正しい寸法どおりに描かれているか		
(3) 寸法と注記について		
① 記入寸法に誤りや矛盾はないか		
② 重複寸法や寸法漏れはないか		
③ 寸法の指示箇所は適切で明確であるか		
④ 寸法の許容限界は，必要な箇所に漏れなく記入されているか		
⑤ 寸法の許容限界の指示は，組立てや機械の作動に対して適切であるか		
⑥ タップ穴，ねじ，ドリル，リーマ，キー溝，面取りなどに関する注記は適当か		
⑦ 表面性状の指示記号は適当か		
(4) 表題欄と部品欄その他について		
① 名称，図面番号，部品番号などは正しいか		
② 投影法や尺度の指示は，図形と一致しているか		
③ 作製年月日，設計者サインまたは製図者サインは記入されているか		
④ 寸法の一般許容限界の記入は適切であるか		
⑤ 使用材料は，材料規格に従って正しく記入されているか		
⑥ 表面処理を要するものに対する指示は適切であるか		
⑦ 所要個数の指示は正しいか		
⑧ 標準部品に対する指示は適切であるか		
⑨ その他，必要事項への記入漏れや脱字はないか		
(5) 部品加工について		
① 機械加工を容易に行える形状であるか		
② 加工基準面が適切に指示できているか		
③ 材料取りに問題はないか		
(6) 組立図について		
① 性能は，設計仕様書の要求を満足すると判断されるか		
② 作動部分が他に当たることはないか		
③ 主要寸法が記入されているか		
④ 組立・分解は容易であるか		

図 5-2　チェックシートの一例

第 **6** 章

ね　じ

6.1 ねじの種類

Point
・ねじの種類と各部名称を理解する.

　ねじには**おねじ**と**めねじ**とがあり，おねじは円筒の表面にらせん状の溝が付いたもの，めねじは穴の表面にらせん状の溝が付いたものである．このらせん状の突起を**ねじ山**と呼ぶ．おねじとめねじの代表例としては，図 6-1-1 のようなボルトとナットがある．

（a）ボルト　　　（b）ナット

図 6-1-1　おねじとめねじの例

　ねじ山の形でねじを分類すると，**三角ねじ**，**丸ねじ**，**台形ねじ**，**ボールねじ**がある．三角ねじと丸ねじは締結用，台形ねじとボールねじは移動用である．ねじは，部品と部品とを締結するために用いられることが多いが，この締結用には，ゆるみにくい特性から三角ねじが用いられる．三角ねじには**メートルねじ**が広く用いられているが，メートルねじ以外にも，インチを用いた**ユニファイねじ**がある．

6.1.1 ねじの名称

1 ねじの各部名称

　おねじとめねじ，ボルトとナットの各部名称を図 6-1-2 〜図 6-1-5 に示す．

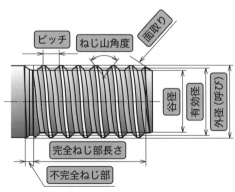

ピッチ　ねじ山角度　面取り

谷径　有効径　外径（呼び）

完全ねじ部長さ

不完全ねじ部

不完全ねじ部は溝切り工具（ダイスなど）の逃がしのため，溝が徐々に浅くなる部分

呼び径（外径）：ねじのサイズを示す径
有効径：ねじ溝の幅と山の幅が等しくなる円筒の径
ピッチ：山と山との間隔

図 6-1-2　おねじ各部の呼び方

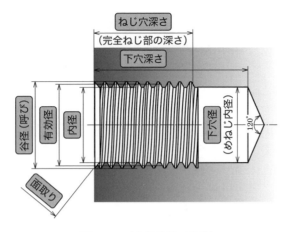

図 6-1-3　めねじ各部の呼び方

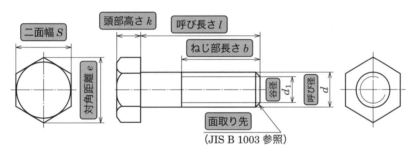

図 6-1-4　ボルト各部の呼び方

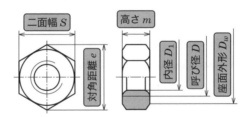

図 6-1-5　ナット各部の呼び方

2 ねじ山のピッチ（並目と細目）

　一般的な**ピッチ**の**並目ねじ**と，ピッチが短い**細目ねじ**がある（図 6-1-6）．一般的には並目ねじを用い，細目ねじは以下の特別な場合に用いる．

① 並目ねじより有効径が大きく強度が高いため，高負荷の用途．

② **リード角**が小さく，ゆるみにくいため，振動する場所などゆるみ防止の用途．

③ 1 回転当たりの軸方向移動距離が短いため，微調整を必要とする用途．

3 右ねじと左ねじ

　一般的には，時計回りに回すと締まる**右ねじ**が使われることが多い．一方で，反時計回りに回すと締まる**左ねじ**もある．左ねじは，右ねじではゆるむ方向に力がかかる回転物（例えば，自転車の右側のペダル固定用ねじ）の締付けや，右ねじとの組合せで長さの調節を行う場合（例えば，スプリングコンパスの開度調節ねじ）など，特殊な用途で使われている．

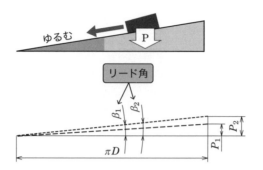

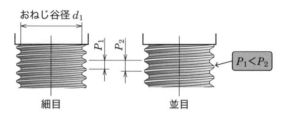

図 6-1-6　ピッチの違いとリード角度

4 ねじ山の条数

　1回転で1ピッチだけ軸方向に移動するねじを**一条ねじ**と呼ぶ．また，1回転で n 倍のピッチだけ軸方向に移動するねじを**多条ねじ**と呼ぶ（図 6-1-7）．多条ねじでは，ピッチを P，条数を n，1回転したときに軸方向に移動する距離である**リード**を L とすると，$L = Pn$ の関係がある．例えば，多条ねじはペットボトルなどに使われており，小さい回転角でキャップを外すことができる．

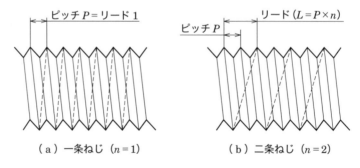

　（a）一条ねじ（$n=1$）　　　　　　**（b）二条ねじ（$n=2$）**

図 6-1-7　一条ねじと多条ねじ（二条ねじ）

6.1 2 メートルねじ

　メートルねじには，主に締結用として，さまざまな用途や締付工具に対応するように多くの種類がある（表 6-1-1）．各種メートルねじの諸寸法についてはJISに定められ，主なねじ部品について，巻末の付表に示している．

表 6-1-1　メートルねじの種類と JIS 規格一覧

規格名称	規格番号	参考図	付表項*	用途など
六角ボルト	JIS B 1180		⬛6, ⬛7	ねじ部の端と，他端に引っ掛ける機能の六角頭をもっている棒
フランジ付き六角ボルト	JIS B 1189		⬛8	座面保護の座金機能を兼ね備えた六角ボルト
六角穴付きボルト	JIS B 1176		—	コンパクトな六角棒で締付け可能なボルト．平ざぐり穴との組合せで構造物から頭が出ない設計などに用いられる
六角ナット	JIS B 1181		⬛9	めねじ穴をもった外側が六角形状で，ボルトと組合せで用いる
フランジ付き六角ナット	JIS B 1190		⬛10	座面保護の座金機能を兼ね備えた六角ナット
植込みボルト	JIS B 1173	植込み側　ナット側	—	一方の植込み側を，構造物などにねじ込み固定し，他端にナットで締め込むことで締結する．stud（bolt）と呼ばれている
すりわり付き小ねじ	JIS B 1101		⬛15	M10 以下で，マイナスドライバを用いて締め付けるねじで，チーズ，皿，なべ，丸皿小ねじがある
十字穴付き小ねじ	JIS B 1111		⬛16	M10 以下で，プラスドライバを用いて締め付けるねじで，チーズ，皿，なべ，丸皿小ねじがある
すりわり付き止めねじ	JIS B 1117		—	M12 以下のマイナスドライバを用いての位置決めや固定用のねじ．このほか十字穴付きや六角穴付きなどがある

*　本書巻末の付表の項番号を示す．

表 6-1-2　ナット強度区分

ナットの強度区分	組み合わせて使用可能なおねじの最大強度区分
5	5.8
6	6.8
8	8.8
9	9.8
10	10.9
12	12.9

注：並高さナット（スタイル 1）および高ナット（スタイル 2）の場合を示す（JIS B 1052-2）．

　また，ねじには**強度区分**が指定されている（表 6-1-2）．ボルトの強度は，引張強さと降伏点を表す強度区分（4.6，5.8，6.8 など）で示される．例えば，引張強度 400 MPa，降伏点が引張強度の 60% 以上の場合には 4.6 と示す．ボルトの図面や手配時には，強度区分を明記する必要がある．

3 メートル台形ねじ

メートル台形ねじは，ねじ山が台形であるために，軸方向精度が高く，正確な運動伝達を必要とする用途で使われており（図6-1-8），JIS B 0216 に規定されている．旋盤の送りや万力・ジャッキなどの運動伝達において，ねじの回転を軸方向運動に変換するために用いられる．

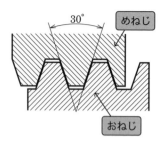

図6-1-8　台形ねじ

 ## 4 管用ねじ

管用ねじは管をつないだり，液体の漏れを防ぐ栓などに使われる．メートルねじではなく，インチねじである．ねじ部が平行である**管用平行ねじ**は JIS B 0202 に，ねじ部がテーパ状である**管用テーパねじ**は JIS B 0203 に規定されている（図6-1-9，図6-1-10）．

管用テーパねじは，テーパ状のねじ部にシールテープを巻いたり，シール材を塗布してからねじ込むことにより，気密性を保つことができる．また，管用テーパねじ用の管用平行めねじと組み合わせて，くさび効果で気密性を得ることができる．例えば，水道管やガス管などの接合に用いられている※．一方，管用平行ねじのねじ部には気密性がないが，座面にガスケットを挟むことにより漏れを防ぐ．自動車用エンジンの下部オイル抜き口のドレンボルトとして使用される例もある．

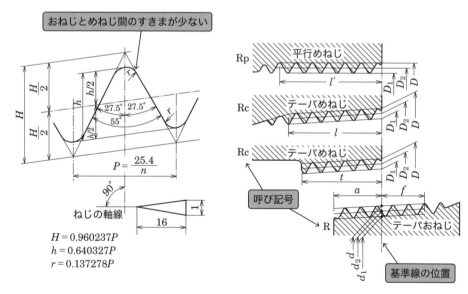

図6-1-9　管用テーパねじの基準山形

※　テーパねじの取付け位置は，基準線の位置がばらつきの中央位置になるが，出入り位置のばらつきが大きいことに配慮して設計する必要がある．

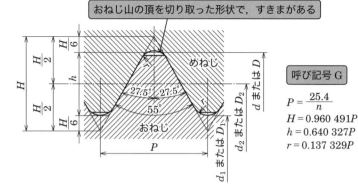

図 6-1-10　管用平行ねじの基準山形

呼び記号 G

$$P = \frac{25.4}{n}$$
$$H = 0.960\,491P$$
$$h = 0.640\,327P$$
$$r = 0.137\,329P$$

6.2　ねじによる締結構造

Point
・設計時にどの締結方式を使うべきかを理解する.
・各部の必要長さを理解する.

1　締付け構造の種類

　図 6-2-1 は，一般的な締結構造である「ねじ込み」，「通し」および「植込み」ボルト構造を示す.

（a）　**ねじ込みボルト構造**：めねじ加工した被締付け部品にボルトのみで締付けをする構造.

（b）　**通しボルト構造**：めねじ加工が困難な製品に穴加工し，ボルトとナットで締結する構造.　なお，ナット締付け時には，ボルトの供回り防止のため両手作業となるから，組立てには手間がかかる.　ボルト穴の内面がボルトと干渉して摩擦により適切な締付力が得られない場合があるので，ボルトではなく，ナット側を回転させて締付けをする.

（c）　**植込みボルト構造**：作業工数が多くなるので，ガイド機能をもたせるときなどに限定して採用する.　植込みボルトを専用工具により不完全ねじ部までねじ込み，部品から l 寸法部が突き出る.　ナット側は抵抗の少ない「すきまばめ」，植込み側は「中間ばめ」として抜け防止をする.　端部形状は植込み側を面取り先とし，ナット側を R 先として識別している.

　なお，上記の締結構造において，座金は，座面を傷つけないように，また，締付け時の回転による摩擦力を一定にするためのものであるから，回転させる座面側にのみ取り付ける.

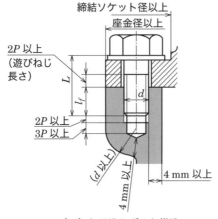
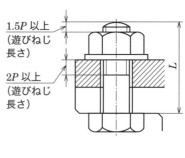

（a）ねじ込みボルト構造　　　　（b）通しボルト構造

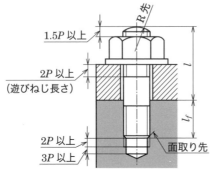

（c）植込みボルト構造

表 6-2-1　ねじの必要はめあい長さ l_f の一例

	材質	アルミ 220 MPa	鋳鉄 200 MPa	鋼 400 MPa
ボルト強度	8.8	1.6d	1.2d	1.0d
	9.8	1.8d	1.4d	1.2d
	10.9	2.0d	1.6d	1.4d

注：P はねじピッチ，d はねじの呼び径を示す.

図 6-2-1　締付け方法の構造比較図

6.2 **2** 各部寸法の決め方

図 6-2-1 を例に説明する.

①　必要とする軸力（締付け力）から，使用するねじの呼び径 d を決める.

②　目的や使用環境によって，締付け方式を選ぶ.

③　図（a），図（c）の場合，めねじの材質により，必要はめあい長さ l_f が表 6-2-1 よりも長くなるようにする．なお，ボルトの呼び長さ（L）は，規格品としては，70 mm 以下では 5 mm とび，それ以上では 10 mm とびであることを考慮する.

④　めねじの深さ：組付け後のボルトの先端より 2 ピッチ以上深くする.

⑤　めねじの下穴深さ：ねじ深さよりさらに 3 ピッチ以上深くする.

⑥　遊びねじ長さ：2 ピッチ以上とする．応力集中しやすい部位であるから，長いほうがよい．なお，呼び径六角ボルトで 2P 以上を確保できない場合には，全ねじ六角ボルトを選択するのがよい.

⑦　ナットからのボルト突出し量：ボルトの有効ねじ部がナットより突き出る必要があるため，1.5 ピッチ以上突き出す.

6.3 座金（ワッシャ）

Point
- ばね座金と平座金の機能を理解する.
- 座金が必要であるか否かを判断でき，また，取付け位置を理解する.

　座金（またはワッシャ）には，**平座金**と**ばね座金**がある．ボルト締結する際には，図6-3-1のようにボルトと被締結物との間に組み込む．それぞれの機能と取付け位置については次のとおりである．

1 ばね座金（JIS B 1251）

　座面へたりや振動によって軸力が低下してゆるむのをばねの反発力によって防止する部品（ボルトやナットのゆるみ止め）で，ばね力が小さいため，小ねじ以外では効果が少ない．取付け位置は，ボルトかナットの回転側の座面とする．なお，平座金と併用する場合は，ボルトやナットの座面側と平座金との間に挟む（図6-3-1）.

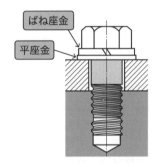
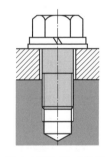

ばね座金
平座金

（a）実際の図示　　（b）JISに基づく図示

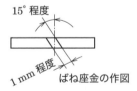

15°程度

1 mm 程度　　ばね座金の作図

図6-3-1　座金と組込み状態図

2 平座金（JIS B 1256）

　ボルトやナットの回転側の座面と被締結物との間に挟むことで，締付け時の摩擦係数を安定させ，規定トルクで締め付けた場合に，規定の軸力が得られるようにするために使用する．また，被締結物がアルミなど軟らかい材質である場合には，ボルトの軸力による座面陥没を防止したり，傷を防止する．

6.4 ねじおよび関連部品の呼び方

Point
- 部品図に記載するねじ加工の指示方法を理解する.
- JIS 規格によるねじおよび関連部品の呼び方を理解する.

1 ねじの加工指示に用いる呼び方

ねじの種類およびその寸法を製品図面に指示する場合，名称および規格番号は省略し，以下のように示す（ねじの種類・記号は JIS B 0123 に規定されている）.

メートル並目ねじ：	（呼び）	例：M20
メートル細目ねじ等級 6g：	（呼び）×（ピッチ）-（等級）	例：M20×1.5-6g
リード 2.5 の二条ねじ：	（呼び）×（リード）（ピッチ）	例：M8×L2.5 P1.25-7H
メートル台形ねじ：	（呼び）×（ピッチ）	例：Tr20×4
左 2 条台形ねじピッチ 7 リード 14 等級 7e：		
	（呼び）×（リード）（（ピッチ））（巻き方向）-（等級）	
		例：Tr40×14（P7）LH-7e
管用テーパおねじ，テーパめねじ：	（呼び）	例：R 3/8, Rc1 1/4
管用テーパねじの平行めねじ：	（呼び）	例：Rp 1 1/2
管用平行ねじ：	（呼び）	例：G 3/4
ユニファイねじ：（呼び径）-（山数）（ねじの種類記号）		例：1/4-20 UNC

ねじの**呼び**は**ねじの種類を表す記号**と**呼び径**で表される.

2 六角ボルトおよび六角ナットの呼び方

規格で形状や材質が定められており，部品図を描くことなく，その呼び方を記載すれば，ボルトやナットを特定できる．ピッチや等級により ISO 規格が分けられているため，JIS 規格と並列で ISO 規格番号の記載が必要である（表 6-4-1 ～表 6-4-3）．したがって，組立図において，ボルトやナットの部品欄にこの呼び方を記入すれば，ボルトやナットの部品図は不要である.

表 6-4-1　六角ボルトの製品の呼び方（ □ 枠内）

種　類			ISO 規格	製品の呼び方の例					
名　称	ピッチ区分け	部品等級		サイズ	ピッチ (mm)	長さ (mm)	強度区分	部品等級	製品名称｜JIS番号｜ISO番号｜呼び(&ピッチ)｜×｜呼び長さ｜強度区分｜部品等級
呼び径六角ボルト	並目	A，B	ISO 4014	M12	1.75	80	8.8	A	呼び径六角ボルト JIS B 1180-ISO 4014-M12×80-8.8-部品等級 A
		C	ISO 4016	M12		80	4.6	C	呼び径六角ボルト JIS B 1180-ISO 4016-M12×80-4.6-部品等級 C
	細目	A，B	ISO 8765	M12	1.5	80	8.8	A	呼び径六角ボルト JIS B 1180-ISO 8765-M12×1.5×80-8.8-部品等級 A
全ねじ六角ボルト	並目	A，B	ISO 4017	M12	1.75	80	8.8	A	全ねじ六角ボルト JIS B 1180-ISO 4017-M12×80-8.8-部品等級 A
		C	ISO 4018	M12		80	4.6	C	全ねじ六角ボルト JIS B 1180-ISO 4018-M12×80-4.6-部品等級 C
	細目	A，B	ISO 8676	M12	1.5	80	8.8	A	全ねじ六角ボルト JIS B 1180-ISO 8676-M12×1.5×80-8.8-部品等級 A
有効径六角ボルト	並目	B	ISO 4015	M12	1.75	80	8.8	B	有効径六角ボルト JIS B 1180-ISO 4015-M12×80-8.8-部品等級 B

表 6-4-2 参照

表 6-4-2　ボルトの強度区分・材料・部品等級

種類 ＼ 材料／部品等級	強度区分						
	呼び径六角ボルト			有効径六角ボルト	全ねじ六角ボルト		
	A	B	C	B	A	B	C
鋼 JIS B 1051	5.6 8.8 9.8 10.9		3.6 4.6 4.8	5.8 6.8 8.8	5.6 8.8 9.8 10.9		3.6 4.6 4.8
ステンレス鋼 JIS B 1054-1	A2-70　A4-70 A2-50　A4-50		/	A2-70	A2-70　A4-70 A2-50　A4-50		/
非鉄金属	JIS B 1057 による		/	JIS B 1057 による			

部品等級	公差水準		ねじの等級	
	軸／座公差	それ以外	ボルト	ナット
A	精	精	6g	6H
B	精	粗	6g	6H
C	粗	粗	8g	7H

表 6-4-3　六角ナットの製品の呼び方（▢枠内）

種類					製品の呼び方の例			
名　称	ピッチ区分け	部品等級	ISO規格	呼び径範囲 (mm)	サイズ	ピッチ (mm)	強度区分	製品名称─JIS番号─ISO番号─呼び(×ピッチ) 呼び長さ─強度区分・材質など
六角ナット-スタイル1 (標準高さ)	並目	A	ISO 4302	1.6 〜 16	M12	1.8	8	六角ナット-スタイル1 JIS B 1181-ISO 4032-M12-8
		B		18 〜 64				
	細目	A	ISO 8673	8 〜 16	M16	1.5	8	六角ナット-スタイル1 JIS B 1181-ISO 8673-M16×1.5-8
		B		18 〜 64				
六角ナット-スタイル2 (高ナット)	並目	A	ISO 4033	5 〜 16	M12	1.8	9	六角ナット-スタイル2 JIS B 1181-ISO 4033-M12-9
		B		20 〜 36				
	細目	A	ISO 8674	8 〜 16	M16	1.5	12	六角ナット-スタイル2 JIS B 1181-ISO 8674-M16×1.5-12
		B		18 〜 36				
六角ナット-C	並目	C	ISO 4034	5 〜 64	M12	1.8	5	六角ナット-C JIS B 1181-ISO 4034-M12-5
六角低ナット-両面取り	並目	A	ISO 4035	1.6 〜 16	M12	1.8	05	六角低ナット-両面取り JIS B 1181-ISO 4035-M12-05
		B		18 〜 64				
	細目	A	ISO 8675	8 〜 16	M16	1.5	05	六角低ナット-両面取り JIS B 1181-ISO 8675-M16×1.5-05
		B		18 〜 64				
六角低ナット-面取りなし	並目	B	ISO 4036	1.6 〜 10	M6	1.8	110HV30 (St)	六角低ナット-面取りなし JIS B 1181-ISO 4036-M6-St

強度区分──表 6-1-2 参照

6.4 3　平座金の呼び方

　平座金（図 6-4-1）には小形，並形，大形があり，必要座面積によって選択する．通常は並形を用い，小形や大形は，ボルトの軸力と被締結物の許容座面圧によって必要な場合に選択する．座金は，おねじの強度区分によって硬さ区分が異なり，表 6-4-4 に示すような部品等級を定めている．平座金の呼び方は次のとおりである．なお，呼び径は使用するボルトの呼び径と同じである．部品等級は，A，B および C があるが，ここでは一般的な A のみを示す．基本寸法は巻末の付表を参照すること．

製品の呼び方：種類─JIS 番号─ISO 番号─呼び─硬度─部品等級

　　　例：呼び径 $d = 8\,\mathrm{mm}$，200HV の並形系列，部品等級 A の鋼製平座金の場合
　　　　　⇒「平座金・並形-JIS B 1256-ISO 7089-8-200HV-部品等級 A」

　　　例：国内向けのみの図面で，呼び径 8 mm，並形，硬度 200HV の場合
　　　　　⇒「平座金・並形-JIS B 1256-呼び 8-200HV」

第6章　ねじ

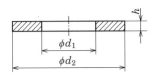

図 6-4-1　平座金の寸法記号

表 6-4-4　平座金の種類と ISO 規格

種類	部品等級	硬さ区分	適用おねじ強度区分	ボルト・ナット適用部品等級	対応国際規格
小形	A	200HV	8.8 以下ボルト，8 以下ナット	―	ISO 7092
		300HV	10.9 以下ボルト，10 以下ナット	―	
並形	A	200HV	8.8 以下ボルト，8 以下ナット	A および B	ISO 7089
		300HV	10.9 以下ボルト，10 以下ナット	A および B	
大形	A	200HV	8.8 以下ボルト，8 以下ナット	A および B	ISO 7093
		300HV	10.9 以下ボルト，10 以下ナット	A および B	

 ## 4 ばね座金の呼び方

ばね座金（図 6-4-2）には軽負荷用の 2 号（適用強度ボルト 4.8 相当，ナット 5 相当）と，重負荷用の 3 号（適用強度ボルト 8.8 相当，ナット 8 相当）がある．ISO 規格はない．なお，呼び径はボルトの呼び径と同じである．基本寸法は巻末の付表を参照すること．

製品の呼び方：| JIS 番号 |―| 種類の記号 or 名称 |―| 形状記号 |―| 呼び |―| 材料記号 |―| 指定事項 |

例：呼び径 8 mm の鋼製一般用ばね座金の場合
⇒「JIS B 1251-SW-2 号-8-S」または「JIS B 1251-ばね座金 2 号-8-S」

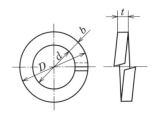

図 6-4-2　ばね座金の寸法記号

表 6-4-5　形状記号と材料記号

名称	用途・形状				材料	記号
		記号		記号	鋼	S
ばね座金	SW	一般用	2 号		ステンレス鋼	SUS
		重負荷用	3 号		りん青銅	PB

 ## 5 すりわり付き小ねじの呼び方

基準寸法は巻末の付表を参照すること．

製品の呼び方：| 種類 |―| JIS 番号 |―| ISO 番号 |―| 呼び径 × 呼び長さ |―| ねじ強度 |

例：M5 呼び長さ 20 mm，強度 4.8 のすりわり付きチーズ小ねじの場合
⇒「すりわり付きチーズ小ねじ-JIS B 1101-ISO 1207-M5 × 20-4.8」

6.4 6 管用ねじの呼び方

基準寸法は巻末の付表を参照すること.

① 管用平行めねじ　　　(G) + (呼び) で表す.　　　　　　　例：G 1/2

② 管用平行おねじ　　　(G) + (呼び) + (等級) で表す.　　例：G 1/2 A

③ 管用テーパおねじ　　(R) + (呼び) で表す.　　　　　　　例：R 1/2

④ 管用テーパめねじ　　(Rc) + (呼び) で表す.　　　　　　　例：Rc 1/2

⑤ 管用テーパねじの平行めねじ　(Rp) + (呼び) で表す.　　例：Rp 1/2

注1：管用テーパおねじ (R) は，管用テーパめねじ (Rc) または管用テーパねじの平行めねじ (Rp) との組合せで使う.

注2：管用平行ねじ G と管用テーパねじ R，Rc，Rp を組み合わせて使ってはならない.

注3："呼び" はメートルではなくインチ表示である.

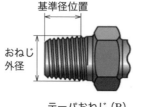

テーパおねじ (R)

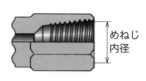

テーパめねじ (Rc)

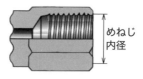

平行めねじ (Rp)

図 6-4-3　管用テーパねじの記号

6.5 ねじの図示方法

Point

・おねじとめねじの図示方法の違いや，太線と細線の使い分けを理解する.

・寸法表示方法を理解する.

6.5 1 ねじの図示方法

ねじの表示は，JIS B 0002-1 によって次のように定められている（図 6-5-1 参照）.

ねじの実形図示は，ねじ山の山頂と谷の角部はらせんのつる巻き線（sine curve）となり，作図困難なので実用的ではない〔図 (a)〕.ねじ山を描く必要がある限定的な場合，直線で引くよう規定されている〔図 (b)〕.このような理由から，ねじを図示する場合はすべて略画法によって表す.具体的には，次のとおりである〔図 (c)，図 (e)〕.

1 ねじを側面から描く場合

おねじのねじ山の頂点を連ねた線と有効ねじ長さ終り部を太い実線で，ねじ山の谷を連ねた線を細い実線で描く．一方，めねじのねじ山の内径を連ねた線と有効ねじ長さ終わり部を太い実線で，ねじ山の谷を連ねた線を細い実線で描く．

2 ねじを軸方向から描く場合

おねじのねじ山の外形は太い実線で，谷径は細い実線で右上方4分円を開けて描く（図6-5-1）．一方，めねじのねじ山の内径は太い実線で，谷径は細い実線で右上方4分円を開けて描く．

なお，不完全ねじ部の表示は省略する．ただし，植込みボルトなど必要なときには実際の不完全ねじ長さ x とし，傾斜は細い実線で示す（図 (d)）．

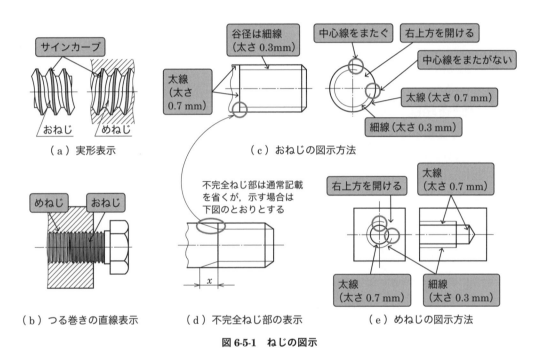

（a）実形表示

（c）おねじの図示方法

（b）つる巻きの直線表示

（d）不完全ねじ部の表示

（e）めねじの図示方法

図 6-5-1　ねじの図示

 2 おねじとめねじとが重なっている場合

おねじとめねじが締結されている部分は，**おねじを優先して描く**（図6-5-2）．

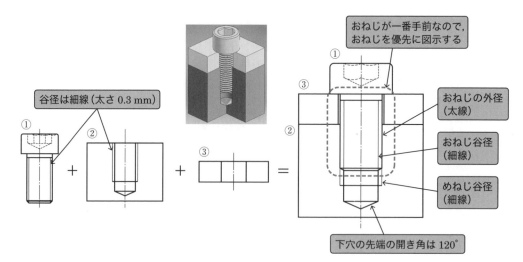

図 6-5-2　おねじとめねじが重なる場合の図示

6.5 3 片側省略図におけるねじの図示方法

　　ねじを軸方向から見た場合，ねじ部は，表6-5-1に示すように**第1象限を開けて描く**．ただし，部品が対称形のために片側省略されて第1象限がない場合には，第3象限を開けて描く．

表 6-5-1　ねじ片側省略時の図示法

	全体	省略方向			
		上（第3象限）	下	左	右（第3象限）
おねじ	第2 第1 象限 / 第3 第4				
めねじ					

谷径の細線は第1象限を開ける　　第1象限が存在しなければ第3象限を開ける

注：⊛のマークは谷径の円を開ける（消す）位置を示し，実際は記載しない．

6.5 4 ねじの寸法表示

　　① おねじの呼び径の寸法補助線は，ねじ山の外径から引き出す（図6-5-3）．

　　② めねじの呼び径の寸法補助線は，ねじ山の谷径から引き出す．引出線で示す場合は，図6-5-4のように指示する．

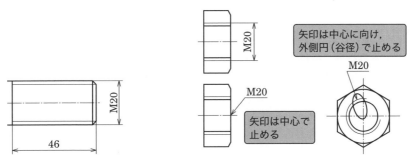

図 6-5-3　おねじ寸法表示例　　　　　　　　**図 6-5-4　めねじ寸法表示例**

③　止まり穴めねじをいろいろな方法で示した例を図 6-5-5 に示す．それぞれを寸法線で表示する図 (a) の指示方法か，図 (b)〜図 (c) のように，ねじの呼びや長さ，下穴寸法をまとめて記入してもよい．

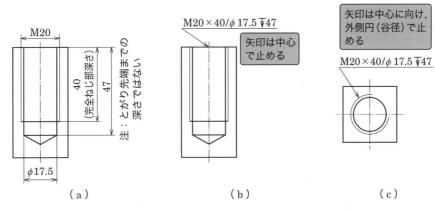

図 6-5-5　止まり穴めねじの寸法表示例

④　めねじ穴の表示方法の順番と意味は下記のようになる．「/」より前がめねじの指示，「/」より後がめねじを加工する前の下穴加工の指示である．なお，下穴の先端の角度はドリル先端の角度と一致するため，<u>120°</u>で作図する．

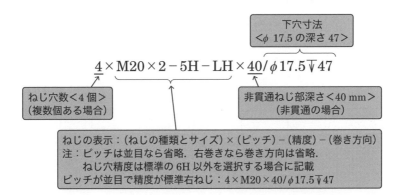

5 ボルトとナットの略図法

ボルトの基本寸法は JIS B 1180（巻末の付表を参照）で指定されている．図 6-5-6 のように規格寸法で作図するが，β 角度や Rr 寸法などは省略してよい．

注：S は，$=1.5d$ または $\sqrt{3}d$ などにする簡略法があるが，呼び径と二面幅の比率は一定ではなく，小形のものもある（表 6-5-2）．組立て性や周辺部品とのすきまチェックなどに S 寸法は重要なので，JIS B 1180 および JIS B 1181 の規格数値に従う．

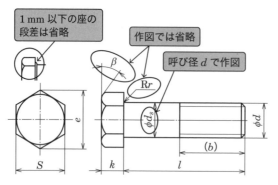

図 6-5-6　ボルトの規格寸法記号

表 6-5-2　六角ボルト二面幅

呼び	二面幅 S
	JIS 標準
M6	10
M8	13
M10	16
M12	18

（単位：mm）

1 ボルト作図手順

ボルトの作図手順（図 6-5-7）は，次のとおりにするとよい．なお，基本寸法はあらかじめ JIS B 1180 で確認する．

① 中心線を描いた後に．二面幅 S を直径として円を描く．

② この円に接する垂直線と左右に 30°傾斜した線で六角を描く．その後，はみ出た線は消す．

③ 頭の高さ k の上下の線（③の図の水平線）と，②で作成した六角の角から水平線をそれぞれ引く．面取りによる円弧は，中央は $1.5d$，斜面部の円弧は $0.375d$ で描く．その後，はみ出た線は消す．

④ ボルトのねじ長さ l，ねじ部長さ b，呼び径 d の線を描く．また，ボルト先端の面取りを描く．谷径 d_1 は並目と細目では異なるが，簡略法では呼び径の 0.8 倍（$d_1 = 0.8d$）として細線で描く．

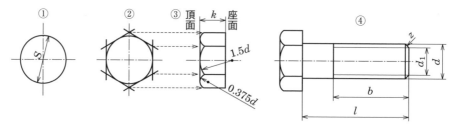

図 6-5-7　ボルトの略図法（作図手順）

2 ナットの作図手順

ナットの作図手順（図6-5-8）は次のとおりにするとよい．なお，基本寸法はあらかじめ JIS B 1181 で確認する．

① 中心線を描いた後に，二面幅 S を直径として円を描く．

② この円に接する垂直線と左右に30°傾斜した線で六角を描く．その後，はみ出た線は消す．

③ 頭の高さ m の上下の線（③の図の水平線）と，②で作成した六角の角から水平線をそれぞれ引く．面取りの円弧は，中央は $1.5d$，斜面部の円弧は $0.375d$ で描く．

④ 呼び径 D の円を細線で描き，内径 D_1 の円は呼び径の0.8倍（$D_1 = 0.8D$）として太線で描く．

注：ボルトの k 寸法よりナットの m 寸法のほうが大きいので，同じ寸法で描かないこと．なお，両側面取りであるが，旧 JIS では片側面取りであった．

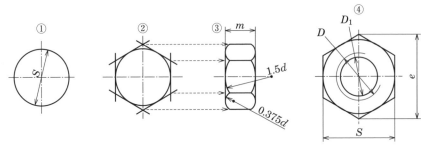

図6-5-8 ナットの略図法（作図手順）

簡略図示法

組立図など，部品の正確な形状や細部（ねじ先形状，ナットやボルト頭の面取り形状，不完全ねじ部，逃げ溝など）を示す必要のないときには，表6-5-3に示す簡略図示法により，製図作業の手間を省略することができる（JIS B 0002-3）．

表6-5-3　ボルト・ナット，小ねじの簡略図法

No.	名　称	簡略図示	No.	名　称	簡略図示
1	六角ボルト		9	十字穴付き皿小ねじ	
2	四角ボルト		10	すりわり付き止めねじ	
3	六角穴付きボルト		11	すりわり付き木ねじおよびタッピンねじ	
4	すりわり付き平小ねじ（なべ頭形状）		12	ちょうボルト	
5	十字穴付き平小ねじ		13	六角ナット	
6	すりわり付き丸皿小ねじ		14	溝付き六角ナット	
7	十字穴付き丸皿小ねじ		15	四角ナット	
8	すりわり付き皿小ねじ		16	ちょうナット	

第 7 章

転がり軸受

7.1 軸受の種類

軸受は**ベアリング**（bearing）ともいい，英語の bear は"支える"という意味をもつ．つまり，回転または直線運動する軸などの物体を支える機械要素が軸受である．

軸受は，まず軸と軸受の接触のしかたにより分類することができる（図 7-1-1）．軸と軸受が油などの潤滑剤を介して面で滑り接触する軸受を**滑り軸受**といい，エンジン内部のクランクシャフトを支える軸受などとして使用されている．これに対して，玉やころ（円筒，針状，円すいなど）を介して転がり接触する軸受を**転がり軸受**といい，それぞれ**玉軸受**，**ころ軸受**と呼んでいる．軌道面に対し，玉軸受は点接触するため負荷能力が低く，ころ軸受は線接触するため負荷能力が高い．なお，玉やころを転動体という．

転がり軸受は，滑り軸受に比べて摩擦が小さく，機械効率を高めることができ，また軸方向の寸法が少なくてすみ，価格も適当であるなどの理由により，広く使用されている．滑り軸受と転がり軸受の特徴について，表 7-1-1 に示す．

図 7-1-2 に主な転がり軸受の構造を示す．転がり軸受は，外輪，転動体，転動体を支える保持器，内輪で構成されている．

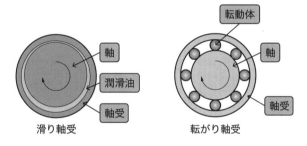

図 7-1-1　滑り軸受と転がり軸受

表 7-1-1　滑り軸受と転がり軸受の比較

	滑り軸受	転がり軸受
摩　擦	転がり軸受に比べて一般に摩擦が大きくなる．特に起動摩擦が大きい．	一般に摩擦が小さい．特に起動摩擦が小さい．回転数，荷重，温度などによる摩擦係数の変化が小さい．
荷　重	アキシアル（スラスト）荷重，ラジアル荷重を1個の軸受では受けられない．振動荷重にも強い．	両荷重を1個の軸受で受けられる．振動荷重によって転動体と内・外輪の接触部に圧痕を生じやすい．
音　響	静粛	転動体，軌道面の精度によっては音を発しやすい．
取付け	簡単	内外輪のはめあいに注意が必要である．
潤　滑	潤滑装置が必要である．温度と粘度の関係に注意して潤滑油を選ぶ必要がある．	グリース潤滑の場合はほとんど潤滑装置を必要としない．滑り軸受ほど直接に粘度の影響を受けない．

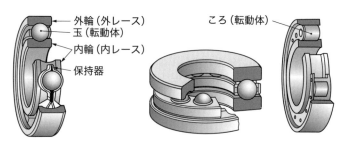

図 7-1-2　主な転がり軸受の構造

　他方，軸に対する荷重の作用のしかたによっても分類することができる．図 7-1-3 のように，荷重が軸の長手方向に対して直角方向に作用する軸受を**ラジアル軸受**と呼ぶ．これとは異なり，荷重が軸方向に作用する軸受を**スラスト軸受**という．また，荷重が軸方向と，軸と直角方向の両方に作用する軸受を**テーパ軸受**という．

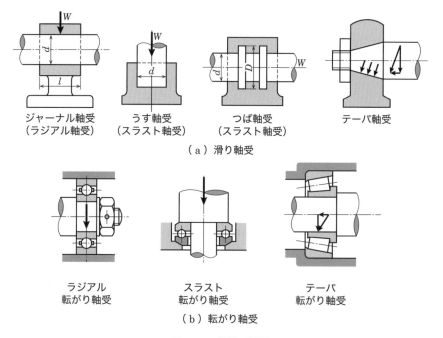

図 7-1-3　軸受の種類

7.2 転がり軸受の描き方

Point

・転がり軸受の図示方法について理解する．

　転がり軸受の図示方法について，JIS B 0005 により略画方法が規定されている．転がり軸受を作図する場合，軸受の内径，外形，幅を正確に描く必要があるが，転がり軸受であることがわかればよいときは，転動体の形状は簡略図示法に従う．

基本簡略図示方法

　基本簡略図示方法は JIS B 0005-1 に示されている．基本簡略図示方法は，軸受中心軸に対して軸受の片側または両側を示す場合に用いられる〔図 7-2-1 (a)〕．

　組立図のような詳細な形状を示す必要のないとき，主要な形状である外形だけを表すために，転がり軸受は四角形とその中央に直立した十字で示す〔同図 (b)〕．十字は外形線に接しないように描く．転がり軸受の正確な外形を示す必要があるときは，中央位置に直立した十字をもつ断面を実際に近い形状で描く〔同図 (c)〕．

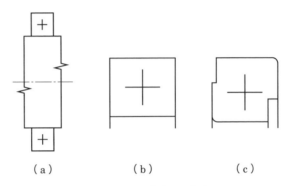

（a）　　　　　　（b）　　　　　　（c）

図 7-2-1　基本簡略図示方法

 個別簡略図示方法

　個別簡略図示方法（JIS B 0005-2）は，列数または調心など転がり軸受をより詳細に示す方法であるが，組立図など詳細な形状を示す必要のないときに用いられる（表 7-2-1〜表 7-2-4）．軸方向から見た図において，実際の形状や寸法にかかわらず，転動体を円で表示してもよい．なお，一つの図面の中で，基本簡略図示法と混在させてはならない．

表 7-2-1　玉軸受およびころ軸受

簡略図示方法	玉軸受	ころ軸受
	図例[1] および規格[2]	図例[1] および規格[2]
3.1	単列深溝玉軸受（JIS B 1512） ユニット用玉軸受（JIS B 1558）	単列円筒ころ軸受（JIS B 1512）
3.2	複列深溝玉軸受（JIS B 1512）	複列円筒ころ軸受（JIS B 1512）
3.3	—	単列自動調心ころ軸受（JIS B 1512）

（次ページにつづく）

簡略図示方法	玉軸受	ころ軸受
	図例*1 および規格*2	図例*1 および規格*2
3.4	自動調心玉軸受 (JIS B 1512)	自動調心ころ軸受 (JIS B 1512)
3.5	単列アンギュラ玉軸受 (JIS B 1512)	単列円すいころ軸受 (JIS B 1512)
3.6	非分離複列アンギュラ玉軸受 (JIS B 1512)	—
3.7	内輪分離複列アンギュラ玉軸受 (JIS B 1512)	内輪分離複列円すいころ軸受 (JIS B 1512)
3.8	—	外輪分離複列円すいころ軸受

*1 図は参考であり，詳細には示していない．　　*2 関連規格がある場合にはその番号を示す．

表 7-2-2　針状ころ軸受

簡略図示方法	図例*1 および規格*2		
4.1	ソリッド形針状ころ軸受 (JIS B 1536)	内輪なしシェル形針状ころ軸受 (JIS B 1512)	ラジアル保持器付き針状ころ (JIS B 1512)
4.2	複列ソリッド形針状ころ軸受	内輪なし複列シェル形針状ころ軸受	複列ラジアル保持器付き針状ころ
4.3		調心輪付き針状ころ軸受	

*1 図は参考であり，詳細には示していない．　　*2 関連規格がある場合にはその番号を示す．

表 7-2-3　コンバインド軸受

	簡略図示方法		図　例*
5.1			ラジアル針状ころ軸受 およびラジアル玉軸受
5.2			内輪分離形ラジアル針状ころ軸受 およびラジアル玉軸受
5.3			内輪なしラジアル針状ころ軸受 およびスラスト玉軸受
5.4			内輪なしラジアル針状ころ軸受 およびスラスト円筒ころ軸受

* 図は参考であり，詳細には示していない．

表 7-2-4　スラスト軸受

	簡略図示方法	玉軸受	ころ軸受
		図例*1 および規格*2	図例*1 および規格*2
6.1		単式スラスト玉軸受 (JIS B 1512)	単式スラストころ軸受 スラスト保持器付き針状ころ (JIS B 1512) スラスト保持器付き円筒ころ
6.2		複式スラスト玉軸受 (JIS B 1512)	—
6.3		複式スラストアンギュラ玉軸受	—
6.4		調心座付き単式スラスト玉軸受	—
6.5		調心座付き複式スラスト玉軸受	—
6.6		—	スラスト自動調心ころ軸受 (JIS B 1512)

*1 参考図であり，詳細には示していない．　　*2 関連規格がある場合にはその番号を示す．

3 転がり軸受の比例寸法略画法

　組立図などにおいて軸受の詳細な図が必要な場合，内径，外形，幅を基準として各部の寸法を比例配分して作図する．深溝玉軸受，アンギュラ玉軸受，自動調心玉軸受，平面座スラスト玉軸受を図7-2-2に示す．

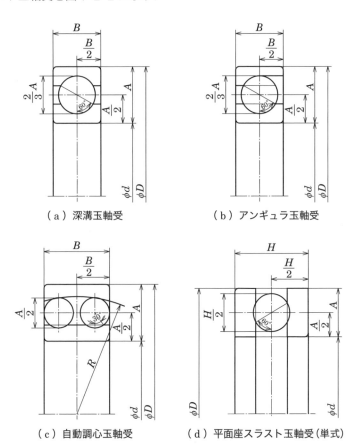

（a）深溝玉軸受　　　　　　　　　　（b）アンギュラ玉軸受

（c）自動調心玉軸受　　　　　　　（d）平面座スラスト玉軸受（単式）

図 7-2-2　転がり軸受の比例寸法による作図法

7.3　転がり軸受の呼び番号の概要

Point
・転がり軸受の呼び番号について理解する．

　転がり軸受の形状，寸法などを**呼び番号**で表す．呼び番号に関してJIS B 1513で定められており，**軸受系列記号**，**内径番号**，**接触角記号**を表す基本番号と，**補助記号**の順序で表現する（図7-3-1）．補助記号は，シール・シールド記号，軸受の組合せ，ラジアル内部のすきま，精度等級など基本記号で表せない詳細な軸受の仕様を示す．接触角記号と補助記号については，該当しないものは省略する．

◼1 軸受系列記号

　軸受の形式を表す英数字と寸法系列を表す数字とを組み合わせたものである（表7-3-1）．形式記号は，1字のアラビア数字または1字以上のラテン文字で示される．寸法系列記号は，軸受の幅または高さを表す数字と，軸受の直径を表す数字とを組み合わせたものである．単列深溝玉軸受については，巻末の付表を参照のこと．

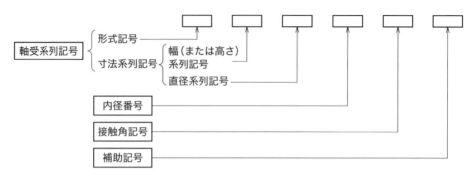

図 7-3-1　転がり軸受の呼び番号の構成

表 7-3-1　各種軸受の軸受系列記号

軸受の種類	断面図	形式記号	寸法系列記号	軸受系列記号	軸受の種類	断面図	形式記号	寸法系列記号	軸受系列記号
深溝玉軸受		6	10 02 03	60 62 63	円筒ころ軸受		NU	02 03 04	NU2 NU3 NU4
アンギュラ玉軸受		7	10 02 03	70 72 73	円すいころ軸受		3	20 02 22	320 302 322
自動調心玉軸受		1	02 03 22	12 13 22	単式スラスト玉軸受		5	12 13 14	512 513 514

◼2 内径番号

　内径に関するものであり，内径が 20 ～ 480 mm では，内径の寸法を5で割った2桁の数字となる．内径番号が9以下および「/」が付いた番号は，「/」の後の数値が内径を表す（表7-3-2）．

表 7-3-2　内径番号

呼び軸受内径（mm）	内径番号	呼び軸受内径（mm）	内径番号	呼び軸受内径（mm）	内径番号	呼び軸受内径（mm）	内径番号
0.6	/0.6*	8	8	30	6	75	15
1	1	9	9	32	/32	80	16
1.5	/1.5*	10	00	35	07	85	17
2	2	12	01	40	08	90	18
2.5	/2.5*	15	02	45	09	95	19
3	3	17	03	50	10	100	20
4	4	20	04	55	11	105	21
5	5	22	/22	60	12	110	22
6	6	25	05	65	13	120	24
7	7	28	/28	70	14	130	26

*　他の記号を用いることができる．

3 接触角記号

内外輪と転動体との接触点における法線とラジアル方向との角度を接触角という．アンギュラ玉軸受，円すいころ軸受に関するもので，表のとおり記入する（表7-3-3）．

表7-3-3 接触角記号

軸受の形式	呼び接触角	接触角記号
単列アンギュラ 玉軸受	10°を超え22°以下	C
	22°を超え32°以下	A*
	32°を超え45°以下	B
円すいころ軸受	17°を超え24°以下	C
	24°を超え32°以下	D

* 省略することができる．

4 補助記号

内部寸法，シールまたはシールド，軌道輪形状，複数の軸受を組み合わせる場合の配置，軸受内部のすきまおよび精度等級を表す（表7-3-4）．

表7-3-4 補助記号

仕様	内容または区分	補助記号	仕様	内容または区分	補助記号
内部寸法	主要寸法およびサブユニットの寸法が ISO 355 に一致するもの	J3	軸受の組合せ	背面組合せ	DB
				正面組合せ	DF
シール・シールド	両シール付き	UU		並列組合せ	DT
	片シール付き	U	ラジアル内部すきま*1	C2 すきま	C2
	両シールド付き	ZZ		CN すきま	CN
	片シールド付き	Z		C3 すきま	C3
軌道輪形状	内輪円筒穴	なし		C4 すきま	C4
	フランジ付き	F		C5 すきま	C5
	内輪テーパ穴 （基準テーパ比 1/12）	K	精度等級*2	0 級	なし
				6X 級	P6X
	内輪テーパ穴 （基準テーパ比 1/30）	K30		6 級	P6
				5 級	P5
	輪溝付き	N		4 級	P4
	止め輪付き	NR		2 級	P2

*1 JIS B 1520 参照　　*2 JIS B 1514 参照

　転がり軸受の寸法精度ならびに回転精度については，JIS B 1514 において規定されている．また，軸受が取り付けられる軸やハウジングの寸法公差，表面性状については，各軸受メーカーで推奨値が示されている．そのため，使用する軸受によって確認し，軸およびハウジングの寸法公差を決める必要がある．

　なお，軸と軸受およびハウジングとのはめあいについては，JIS B 1566 に記載されている．例えば，ラジアル軸受において内輪回転荷重を受ける軸受の内輪と軸とのはめあいは，しまりばめまたは中間ばめとし，相対的に荷重が大きいほどしめしろを大きくすることが示されている．

第 **8** 章

歯　　車

歯車とは

Point
・歯車の機能と特長を理解する．

　　歯車は，円筒の外周に一定の形をした凹凸（歯という）を設けた機械要素部品で，伝動装置や変速装置など各種製品に多く使用されている重要部品の一つである．歯車は，回転している軸（駆動軸）の運動を，かみ合わされたもう一方の歯車の軸（被動軸）に伝えようとするものである．歯がかみ合うことにより駆動歯車から被動歯車へ回転を伝達するため，ベルトや摩擦車のように，滑りを起こして伝動が不確実となることがなく，強力な伝達力と確実な速度比をもって回転運動を伝えることができる（図8-1-1）．ただし，この2軸間の中心距離が比較的短い場合に限られる．なお歯車は，前述のとおり円筒の外周に歯が付けられたものであり，チェーンなどと比べても構造が単純である．

　　以上のことより，歯車による伝動は，次の三つの特長をもっている．

①　連続する回転運動を確実に伝達．
②　速度比が常に一定で正確．
③　構造が簡単．

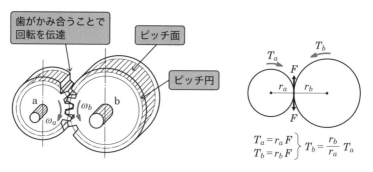

$$T_a = r_a F \atop T_b = r_b F \Bigg\} \quad T_b = \frac{r_b}{r_a} T_a$$

図 8-1-1　歯車による伝動

8.2

歯車の種類

Point
・歯車の種類を理解する．

　　歯車は多種存在している．この歯車の分類方法として，主に歯車の**2軸の相対位置関係**と**歯形形状**の二つをあげることができる．

1 2軸の相対位置関係

　歯車が取り付けられている軸の相対位置関係により，平行軸，交差軸，食い違い軸の3種類に分けることができる．二つの軸が平行な歯車を**平行軸歯車**（図8-2-1），二つの軸が一点で交差する歯車を**交差軸歯車**（図8-2-2），二つの軸が平行でも交差することもない歯車を**食い違い軸歯車**（図8-2-3）という．

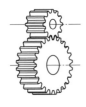　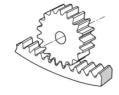　　

（a）平歯車（外歯車）　　（b）平歯車（内歯車）　　（c）はすば歯車　　（d）やまば歯車

図8-2-1　平行軸歯車

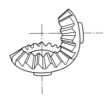　　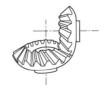

（a）すぐばかさ歯車　　（b）まがりばかさ歯車　　（c）はすばかさ歯車

図8-2-2　交差軸歯車

　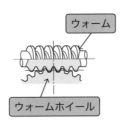　

（a）ねじ歯車　　（b）円筒ウォームギヤ　　（c）ハイボイドギヤ対

図8-2-3　食い違い軸歯車

2 歯形形状

　四角い形状をした歯の付いた歯車で回転運動を伝える場合，図8-2-4（a）のようにかみ合わないことがわかる．一方，図（b）のように歯の厚さを薄くした場合，周速の異なる歯が接触したり，角速度が変化したりすることになる．つまり，単に円筒の外周に凹凸を付けるだけでは不可であり，速度比が一定，かつ滑らかに回転を伝達するためには，歯の形に一定の条件が必要となる．現在，歯形形状に用いられる曲線として，**インボリュート曲線**と**サイクロイド曲線**の2種類がある．

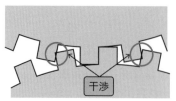

（ａ）四角い形状の歯形の場合　　　　　　（ｂ）歯の厚さが薄い場合

図 8-2-4　歯の形の条件とは

❶ インボリュート歯車

　円筒の周りに糸を巻き，この糸の先端にペンを取り付ける．糸がピンと張った状態を保ちながらほどいていくとき，このペンが描く曲線がインボリュート曲線である（図 8-2-5）．そして，この曲線の歯形をした歯車が**インボリュート歯車**である．このインボリュート歯形を製作するために歯切り工具の**ラックカッタ**が使われるが，直線ですむため，工具の製作費を抑えることができ，かつ精度よく製作することができる．さらに，かみ合う歯車の軸間距離が多少変化しても滑らかにかみ合うことなどの特長から，インボリュート歯形は最も多く使用されている．なお，糸を巻き付けた円筒，つまりインボリュート曲線のもとになる円を**基礎円**という．

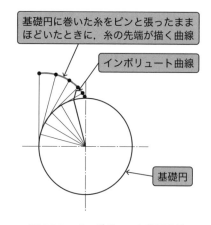

図 8-2-5　インボリュート歯形曲線

❷ サイクロイド歯車

　円筒を面上において転がすとき，外周の一点がたどる軌跡をサイクロイド曲線（図 8-2-6 は JIS B 0102-1 による）といい，この曲線の歯形をした歯車を**サイクロイド歯車**という．インボリュート歯車と異なり，小さい力を滑らかに伝えることができるが，中心距離がずれるとうまくかみ合わない，歯切りが難しいという欠点があるため，時計以外にはほとんど使われていない．

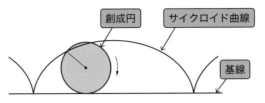
図 8-2-6　サイクロイド曲線

歯車各部の名称

Point
・歯車各部の名称と特徴を理解する.
・歯車の製作方法を知る.

図 8-3-1 は標準歯車の歯形を示すが，歯形各部の名称と意味は次のとおりである.

1 各部の名称

標準歯車の各部の名称を図 8-3-1 に示す.

① **基準円**：一対の歯車を転がり接触をしている円と考えたときの仮想円.
② **ピッチ**：基準円上における隣り合う歯の距離.
③ **歯先円**：歯先をつないだ円.
④ **歯底円**：歯底をつないだ円.
⑤ **歯末のたけ**：基準円から歯先円までの距離.
⑥ **歯元のたけ**：基準円から歯底円までの距離.
⑦ **歯たけ**：歯全体の高さ（＝歯元のたけ＋歯末のたけ）.
⑧ **頂げき**：歯底円とかみ合う相手歯車の歯先円までの距離.
⑨ **ピッチ点**：基準円が接触する点.

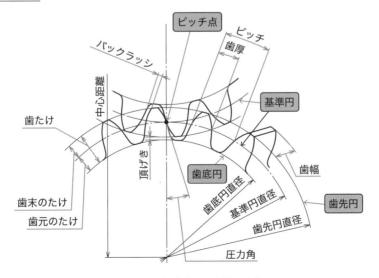
図 8-3-1　標準歯車の各部の名称

2 歯の大きさ

歯車の歯の大きさは**モジュール** m で表す.

$$m = 基準円直径 D / 歯数 z$$

モジュール m を π 倍するとピッチ t になり, 歯の大きさを表すときに用いられることもある. モジュールの標準値について, JIS B 1701-2 において表8-3-1 のように分類され, できるだけⅠ系列を優先的に選択して用いることが望ましく, 必要に応じてⅡ系列を用いるよう定められている.

表8-3-1　モジュールの標準値

（a）1mm 以上の場合

Ⅰ系列	Ⅱ系列
1	
1.25	1.125
1.5	1.375
2	1.75
2.5	2.25
3	2.75
4	3.5
5	4.5
6	5.5
	6.5 *
8	7
10	9
12	11
16	14
20	18
25	22
32	28
40	36
50	45

（b）1mm 未満の場合

Ⅰ系列	Ⅱ系列
0.1	0.15
0.2	0.25
0.3	0.35
0.4	0.45
0.5	0.55
0.6	0.65
	0.7
	0.75
0.8	0.9

（(a), (b) とも, 単位：mm）

＊　できるだけ避けるのがよい.

3 圧力角

基準円は仮想の円であり, 図8-3-1 のように, 標準歯車では歯車同士が一点で接触することになる. インボリュート歯車の場合, この接触する点上で歯面の接線をとると, 同図のように歯車同士の中心を結んだ線と歯面の接線とが, ある角度をもつことになり, これを**圧力角**という. これは図8-3-4 に示すようにラックの角度（次項参照）であり, 一対の歯車が正しくかみ合うためには, 圧力角とモジュールが等しいことが必要である. 以前は 14.5° のものもあったが, 現在 JIS 規格では, 圧力角 α は 20° と定められている.

4 ラックおよびホブ

　歯車の歯を削り出す前のものを一般に**ブランク**と呼ぶ．このブランクを回転させて，これに対応するだけ**ラック**を横方向に移動させ，歯車の歯を創成する方法がある（図8-3-2，図8-3-4）．ラックによる歯切りの利点は，形状が直線的であり，切削工具の製作が非常に容易であるため，安価で，また精度よくできる．しかし，平歯車ではホブより能率が劣るため，ほとんど使われていない．

　ホブは，円筒の外周にラックをねじ状に配置したものである．このホブを回転させると同時に，ブランクにも対応する回転運動を与え，連続的に歯切りをする方法である（図8-3-3）．能率的であり，また精度よく歯切りすることができるため，今日最も広く用いられている．

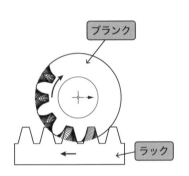

図 8-3-2　創成法

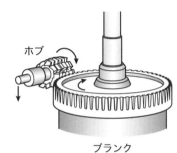

（a）ホブ　　　　　（b）ホブによる切削

図 8-3-3　ホブ盤

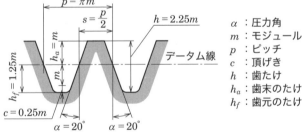

α　：圧力角
m　：モジュール
p　：ピッチ
c　：頂げき
h　：歯たけ
h_a：歯末のたけ
h_f：歯元のたけ

図 8-3-4　インボリュート歯車歯形の基準ラック

5 歯の干渉と切下げ

　インボリュート歯車では，歯数が少ない場合および**歯数比**（一対の歯車の歯数の比）が大きい場合，一方の歯車の歯先がかみ合う相手の歯車の歯元に当たり，回転できないことがある．これを**歯の干渉**という．また，ラック工具やホブで歯数の少ない歯車を歯切りするとき，歯元を削り取るようになる．これを**切下げ（アンダカット）**という（図8-3-5）．切下げされた歯は歯面のかみ合う部分が少なくなり，また歯元が細くなり，強度が低下することになる．圧力角が20°のとき，実用的に14枚，理論的に17枚が切下げを起こさない最小歯数である．

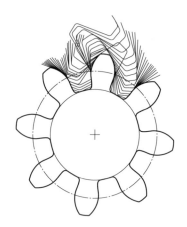

図 8-3-5　切下げ（アンダカット）

6　転位歯車

標準平歯車の歯切りでは，歯数が少ない場合，上述のとおり歯元が削られて歯が弱くなる．これを防ぐ方法として，標準歯車を切削するときと比べてラックの基準ピッチ線をある距離ずらして歯切りすることがある．この歯車を**転位歯車**という（図 8-3-6）．

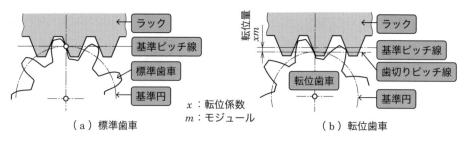

x：転位係数
m：モジュール

図 8-3-6　標準歯車と転位歯車

7　バックラッシ

標準平歯車を製作し，計算で得られた中心間距離で取り付けた場合，理論的には滑らかなかみ合い運動をするはずである．しかし，製作する際に，歯車には**ピッチ誤差**が生じる．さらに，歯同士の接触による熱膨張，歯のたわみ，軸のたわみ，油膜などがあるため，理論どおりにはいかず，うまく回転運動ができないか，振動，騒音が発生する．そこで，歯と歯との間に遊びを設け，滑らかな回転運動をさせる．これを**バックラッシ**という．一般的に，バックラッシ B の大きさは

$$B = (0.03 \sim 0.05)\,m \quad (m：モジュール)$$

の範囲にとる．1 組の歯車において，一方のみを標準切込み深さよりも Δt 深く切り込む場合のバックラッシの量は

$$B = 2\Delta t \sin\alpha \quad (\alpha：圧力角)$$

である．両歯車ともに標準深さよりも Δt 深く切り込む場合は

$$B = 4\Delta t \sin\alpha$$

となる．

第8章　歯車

8 またぎ歯厚

　円筒状態のブランクに対して，工具を必要なだけ切り込んで歯切りをし，切られた歯車が所要の歯厚になっているか調べるとき，図 8-3-7 のように，歯厚マイクロメータによって，**またぎ歯厚**を測定する．このとき，挟みこむ歯の枚数のことを**またぎ歯数**といい，またぎ歯数 Z_m は次の式により与えられる．

$$Z_m = \alpha Z / 180 + 0.5 \quad （\alpha：圧力角，Z：歯数）$$

ただし Z_m は，小数点以下を丸めた整数の値を使用する．

　また，またぎ歯厚 W は，次の式により与えられる．

$$W = m \cdot \cos \alpha \{ Z \cdot \mathrm{inv}\, \alpha + \pi (Z_m - 0.5) \} + 2m \cdot x \cdot \sin \alpha \quad （m：モジュール）$$

ここで，標準歯車（転位係数 $x = 0$）で圧力角 $\alpha = 20°$ の場合は

$$W = (0.01400554\, Z_m + 2.95213\, Z - 1.47606)\, m$$

となる．すなわち，圧力角と歯数，モジュールによってまたぎ歯数とまたぎ歯厚は決定される．標準歯車（転位係数 $x = 0$），圧力角 $\alpha = 20°$，モジュール $m = 1$ における，またぎ歯数 Z_m とまたぎ歯厚 W の値をまとめたのが表 8-3-2 になる．モジュールが 1 以外の場合は，表中のまたぎ歯厚をモジュール倍すればよい．

　また，標準切込み深さよりも Δt だけ深く切り込んだとき，またぎ歯厚 W' は次の式で与えられる．

$$W' = W - 2 \sin \alpha \cdot \Delta t$$

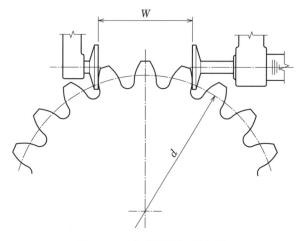

図 8-3-7　またぎ歯厚法（平歯車）
（小原歯車工業：技術資料より）

表8-3-2　標準歯車のまたぎ歯厚（モジュール $m=1$，圧力角 $a=20°$，転位係数 $x=0$）

歯数 Z	またぎ歯数 Z_m	またぎ歯厚 W	歯数 Z	またぎ歯数 Z_m	またぎ歯厚 W	歯数 Z	またぎ歯数 Z_m	またぎ歯厚 W	歯数 Z	またぎ歯数 Z_m	またぎ歯厚 W	歯数 Z	またぎ歯数 Z_m	またぎ歯厚 W
			41	5	13.8588	81	10	29.1797	121	14	41.5484	161	18	53.9172
			42	5	13.8728	82	10	29.1937	122	14	41.5625	162	19	56.8833
			43	5	13.8868	83	10	29.2077	123	14	41.5765	163	19	56.8973
4	2	4.4842	44	5	13.9008	84	10	29.2217	124	14	41.5905	164	19	56.9113
5	2	4.4982	45	6	16.867	85	10	29.2357	125	14	41.6045	165	19	56.9253
6	2	4.5122	46	6	16.881	86	10	29.2497	126	15	44.5706	166	19	56.9394
7	2	4.5262	47	6	16.895	87	10	29.2637	127	15	44.5846	167	19	56.9534
8	2	4.5402	48	6	16.909	88	10	29.2777	128	15	44.5986	168	19	56.9674
9	2	4.5542	49	6	16.923	89	10	29.2917	129	15	44.6126	169	19	56.9814
10	2	4.5683	50	6	16.937	90	11	32.2579	130	15	44.6266	170	19	56.9954
11	2	4.5823	51	6	16.951	91	11	32.2719	131	15	44.6406	171	20	59.9615
12	2	4.5963	52	6	16.965	92	11	32.2859	132	15	44.6546	172	20	59.9755
13	2	4.6103	53	6	16.979	93	11	32.2999	133	15	44.6686	173	20	59.9895
14	2	4.6243	54	7	19.9452	94	11	32.3139	134	15	44.6826	174	20	60.0035
15	2	4.6383	55	7	19.9592	95	11	32.3279	135	16	47.6488	175	20	60.0175
16	2	4.6523	56	7	19.9732	96	11	32.3419	136	16	47.6628	176	20	60.0315
17	2	4.6663	57	7	19.9872	97	11	32.3559	137	16	47.6768	177	20	60.0455
18	3	7.6324	58	7	20.0012	98	11	32.3699	138	16	47.6908	178	20	60.0595
19	3	7.6464	59	7	20.0152	99	12	35.3361	139	16	47.7048	179	20	60.0736
20	3	7.6604	60	7	20.0292	100	12	35.3501	140	16	47.7188	180	21	63.0397
21	3	7.6744	61	7	20.0432	101	12	35.3641	141	16	47.7328	181	21	63.0537
22	3	7.6885	62	7	20.0572	102	12	35.3781	142	16	47.7468	182	21	63.0677
23	3	7.7025	63	8	23.0233	103	12	35.3921	143	16	47.7608	183	21	63.0817
24	3	7.7165	64	8	23.0373	104	12	35.4061	144	17	50.727	184	21	63.0957
25	3	7.7305	65	8	23.0513	105	12	35.4201	145	17	50.741	185	21	63.1097
26	3	7.7445	66	8	23.0654	106	12	35.4341	146	17	50.755	186	21	63.1237
27	4	10.7106	67	8	23.0794	107	12	35.4481	147	17	50.769	187	21	63.1377
28	4	10.7246	68	8	23.0934	108	13	38.4142	148	17	50.783	188	21	63.1517
29	4	10.7386	69	8	23.1074	109	13	38.4282	149	17	50.797	189	22	66.1179
30	4	10.7526	70	8	23.1214	110	13	38.4423	150	17	50.811	190	22	66.1319
31	4	10.7666	71	8	23.1354	111	13	38.4563	151	17	50.825	191	22	66.1459
32	4	10.7806	72	9	26.1015	112	13	38.4703	152	17	50.839	192	22	66.1599
33	4	10.7946	73	9	26.1155	113	13	38.4843	153	18	53.8051	193	22	66.1739
34	4	10.8086	74	9	26.1295	114	13	38.4983	154	18	53.8192	194	22	66.1879
35	4	10.8227	75	9	26.1435	115	13	38.5123	155	18	53.8332	195	22	66.2019
36	5	13.7888	76	9	26.1575	116	13	38.5263	156	18	53.8472	196	22	66.2159
37	5	13.8028	77	9	26.1715	117	14	41.4924	157	18	53.8612	197	22	66.2299
38	5	13.8168	78	9	26.1855	118	14	41.5064	158	18	53.8752	198	23	69.1961
39	5	13.8308	79	9	26.1996	119	14	41.5204	159	18	53.8892	199	23	69.2101
40	5	13.8448	80	9	26.2136	120	14	41.5344	160	18	53.9032	200	23	69.2241

8.4 歯車の図示方法

Point
・歯車の図示方法を理解して，図面を描けるようにする．

8.4 1 要目表

　歯車の部品図は，**要目表**と図を併用する．要目表とは，図面の内容を補足する事項について，図面の中に，原則として加工，測定，検査などに必要な事項を表の形で表したものである（図8-4-1）．なお，材料，熱処理，硬さなどに関する事項は，必要に応じて注記欄または図中に記入する．この要目表からは決定できない寸法は図に記載される．図には，主として歯切り前の機械加工を終えた歯車素材を製作するのに必要な形状や寸法などを記入する．なお，基準面を考慮して加工する場合は，その場所を"基準"の文字により指示することが望ましい．

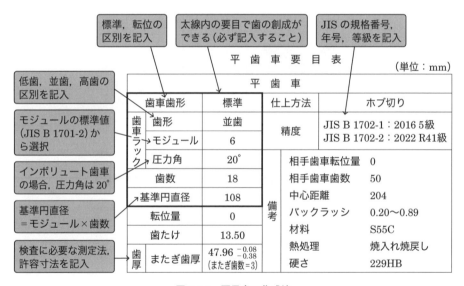

図 8-4-1　要目表の作成法

8.4 2 図示方法

1 歯車の部品図図示方法

　図示方法の要点を下記に示す（図8-4-2）．

① 主投影図（軸に直角な方向から見た図），側面図ともに歯先円は太い実線，基準円は細い一点鎖線で描く．

② 歯底円は，細い実線で示す．ただし，主投影図を断面で図示するときは，歯は切断せずに歯底の線を太い実線で表す．

③ 側面図では歯底円を省略してもよい．特にかさ歯車，ウォームホイールの側面図では，原則として省略する．

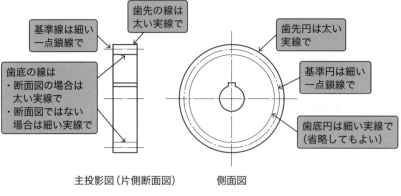

主投影図（片側断面図）　　　側面図

図 8-4-2　歯車の図示法

④　はすば歯車などで歯すじ方向を示すときは，主投影図に通常 3 本の細い実線で表す．主投影図を断面で図示するときは，図 8-4-3 のように，外はすば歯車では紙面より手前の歯すじ方向を 3 本の細い二点鎖線で表し，内はすば歯車の場合は 3 本の細い実線で示す．

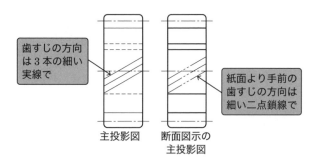

主投影図　　断面図示の
　　　　　　主投影図

図 8-4-3　はすば歯車の歯すじ方向の図示法

2 歯車の組立図（かみ合う一対の歯車）の図示方法

図示方法の要点を下記に示す（図 8-4-4 ～図 8-4-8）．

①　主投影図を断面で図示するとき，かみ合い部の一方の歯先円を表す線は，細い破線または太い破線で表す．

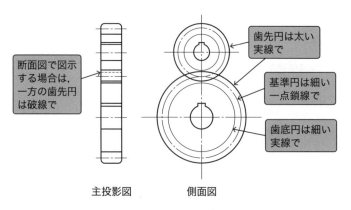

主投影図　　　　　側面図

図 8-4-4　かみ合う一対の平歯車の図示法

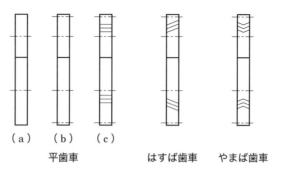

（a）　（b）　（c）
平歯車　　　　　はすば歯車　　やまば歯車

図 8-4-5　かみ合う一対の歯車の簡略図

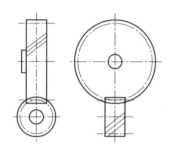

図 8-4-6　かみ合うねじ歯車の簡略図

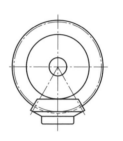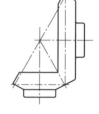

図 8-4-7　かみ合うかさ歯車の簡略図

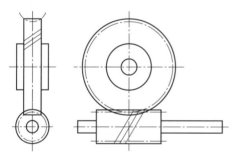

**図 8-4-8　かみ合うウォームとウォームホイール
　　　　　　との簡略図**

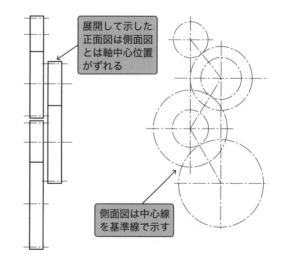

展開して示した
正面図は側面図
とは軸中心位置
がずれる

側面図は中心線
を基準線で示す

図 8-4-9　かみ合う歯車列の簡略図示法

② 　側面図では両方の歯車の歯先を太い実線で表す．

③ 　歯車列の主投影図を正しく投影して表すとわかりにくくなる場合は，図 8-4-9 のように展開して図示して構わない．このとき，歯車の中心線の位置は，正面図と側面図とで一致しなくなる．

 3 寸法などの記入

標準平歯車の寸法は表 8-4-1 のとおりである．また，寸法などを記入した平歯車の図示例を図 8-4-10（JIS B 0003 による）に示す．

表 8-4-1　標準平歯車の寸法計算式と計算例

計算項目	記号	計算式	計算例（単位：mm）
モジュール	m		3
基準圧力角	α_P	－	20°
歯数	z		24 枚
基準円直径	d	zm	72.00
歯末のたけ	h_{aP}	$1.00m$	3.00
歯たけ	h_P	$2.25m$	6.75
歯先円直径	d_a	$(z+2)m$	78.00
歯底円直径	d_f	$(z-2.5)m$	64.50
頂げき	c_P	$0.25m$	0.75
中心距離*	a	$(z+z_2)m/2$	103.50

* z_2 はかみ合う相手歯車の歯数.
　計算例は $z_2 = 45$ の場合.

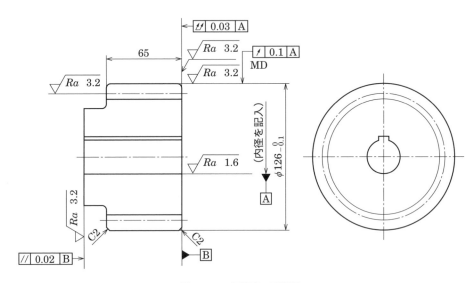

図 8-4-10　平歯車の図示法

8.5 平歯車とはすば歯車の精度

Point
・歯車の精度と誤差測定方法を理解する.

　歯車には，静かに，正確に回転を伝達することが求められる．これを満足するためには歯車の精度を高める必要があり，そのため，要目表には歯車の精度を示す．JIS B 1702-1 に歯車の歯面に関する誤差の定義（図 8-5-1 〜図 8-5-4）および許容値，JIS B 1702-2 に両歯面かみ合い誤差および歯溝の触れの定義（図 8-5-5）ならびに精度許容値が示されている．この精度規格より，要目表の精度の欄に，規格番号と年号を含め，**JIS B 1702-1：2016 ○級** と呼称表示をする．○は精度等級の数値であり，JIS B 1701-

154

1 では 1 級から 11 級，JIS B 1702-2 では，R30 級から R50 級で示す．なお，歯車の精度として以下の誤差を考える．

① **個別単一ピッチ誤差** f_{pi}：測定円上において，隣り合う同じ側の歯面の実際のピッチと理論ピッチとの差（図 8-5-1）．その絶対値の最大値を単一ピッチ誤差という．

② **個別累積ピッチ誤差** F_{pi}：ある基準の歯面から n ピッチ離れた歯面までの実際のピッチと理論ピッチとの差（図 8-5-2）．その最大値と最小値との差を累積ピッチ誤差という．

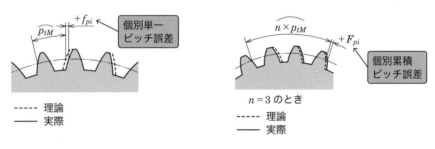

図 8-5-1 個別単一ピッチ誤差　　　　図 8-5-2 個別累積ピッチ誤差

③ **全歯形誤差** F_α：歯形評価範囲で，実歯形をはさむように設計歯形を平行移動したときの，二つの設計歯形間の距離（図 8-5-3）．

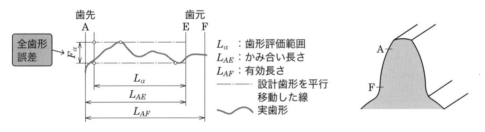

図 8-5-3 全歯形誤差

④ **全歯すじ誤差** F_β：歯すじ評価範囲で，実歯すじをはさむように設計歯すじを平行移動したときの，二つの設計歯すじ間の距離（図 8-5-4）．

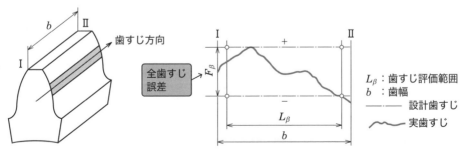

図 8-5-4 全歯すじ誤差

⑤　**両歯面全かみ合い誤差** F_i''：被検査歯車の両歯面を同時に親歯車の両歯面に接触させた状態で被検査歯車を 1 回転させたとき，中心距離の最大値と最小値の差（図 8-5-5）．

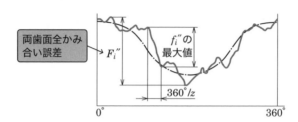

図 8-5-5　両歯面かみ合い誤差

第 **9** 章

ば　ね

9.1 ばねとは

Point
・ばねの機能を知る.

　ばねは**弾性力**を利用して，機械器具の運動や圧力の制御，エネルギーの蓄積，力の測定，振動や衝撃の緩和など，幅広い目的に使用される機械要素の一つである．ばねはその多岐にわたる使用目的に合わせて多くの種類がある．その中でも，図 9-1-1 に示すように，断面が円形あるいは正方形，長方形のばね用線をらせんに巻いたばねを**コイルばね**といい，最も普及している形状のばねである．特に圧縮コイルばね〔図 (a)〕と引張りコイルばね〔図 (b)〕は，さまざまな製品に最も広く使用されている．

  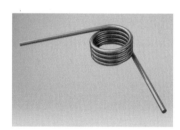

（a）圧縮コイルばね　　　（b）引張りコイルばね　　　（c）ねじりコイルばね

図 9-1-1　コイルばねの種類

9.2 ばねの種類

Point
・ばねの種類を知る.

　ばねの種類は多種多様に存在する．その中で代表的なばねの種類は次のとおりである．

1　圧縮コイルばね

　圧縮したときに発生する反力を利用するコイルばね〔図 9-1-1 (a)〕．広い用途で使用されている．

2　引張りコイルばね

　引っ張ったときに発生する反力（押し返す力）を利用するコイルばね〔同図 (b)〕．広い用途で使用されている．

3　ねじりコイルばね

　ねじりを受けたときに発生する反力を利用するコイルばね〔同図 (c)〕．

4 重ね板ばね

帯状のばね板を何枚も重ね合わせてつくられたばね〔図 9-2-1（a）は JIS B 2710-4 による〕．鉄道車両，自動車などの車体を支え，走行中の振動および衝撃を緩和する目的に用いられる．

5 トーションバー

棒状の物体をねじった際に復元しようとする反力を利用するばね．ねじり棒とも呼ばれる．ただの棒の形状であり，コイルばねよりも省スペースで大きな負荷容量が得られるため，自動車のサスペンションなどに使われている．

6 竹の子ばね

鋼帯を円すい状に巻いたばね〔同図（b）は JIS B 0004 による〕．外観が竹の子状をしているため，この名称となった．比較的小さな容量で大きな力を必要とする用途に用いられる．

7 渦巻きばね

薄い帯状のばね鋼を一平面内で渦巻き状に巻いてつくられたばね．時計や蓄音器など，力を蓄積し，これを原動力として用いる製品に用いられている．

8 皿ばね

底のない皿状をしたばね〔同図（c）〕．比較的わずかな伸縮で大きな負荷容量が得られる特徴があり，並列・直列に組み合わせることで幅広いばね特性を得ることができる．

9 ファスナばね

ばねの力を利用して，主に部品同士を締結させる目的とした各種形状のばね．止め輪〔同図（d）〕，ばね座金〔同図（e）〕，スプリングピン〔同図（f）〕などがある．

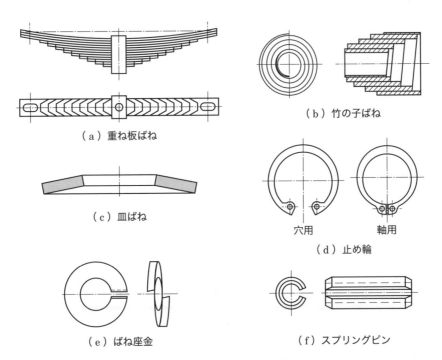

（a）重ね板ばね

（b）竹の子ばね

（c）皿ばね

穴用　軸用

（d）止め輪

（e）ばね座金

（f）スプリングピン

図 9-2-1　代表的なばねの種類

9.3 ばねの図示方法

Point
・ばねを図示できるようにする.

9.3 1 省略図の種類

　図9-3-1にコイルばねの5種類の図示方法（JIS B 0004による）を示す. 同一形状の部分が連続するばねは, 図 (c), 図 (d) のように中間部の一部を省略してもよい. 省略する部分は, ばね材の断面中心位置を細い一点鎖線で示す. また, ばねの形状だけを簡略的に表す場合には, 図 (e) のようにばね材の中心線だけを太い実線で描く. ばねの図示では, これら5種類の方法で記入してよい. ばねは基本的に力の作用しない状態を図示する.

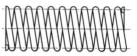

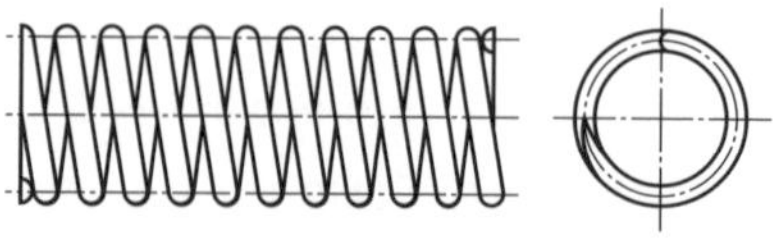

（a）すべての部分を示した図示法

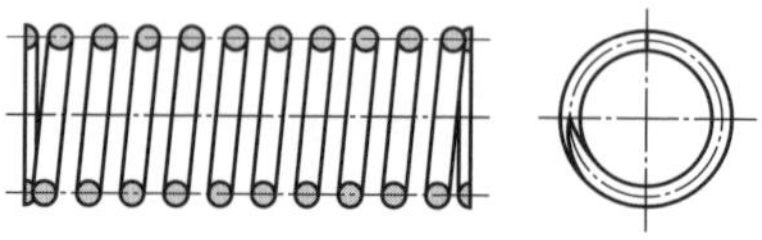

（b）断面による図示法

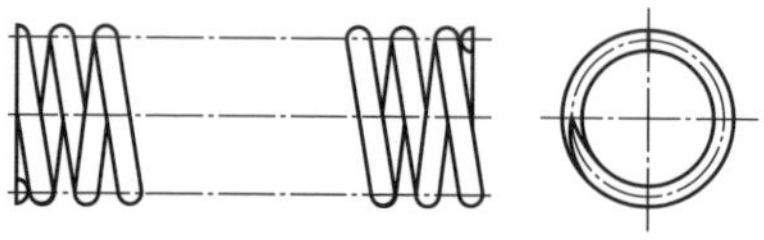

（c）一部を省略した図示法

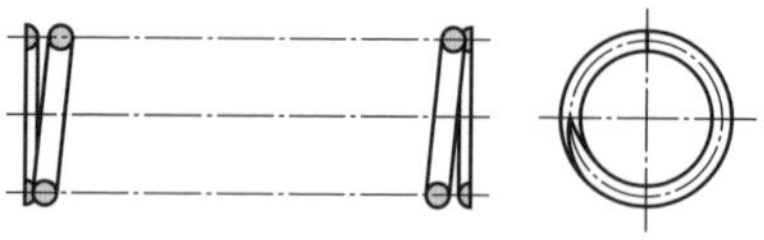

（d）一部を省略した断面による図示法

（e）中心線を太い実線のみで示した図示法

図 9-3-1　圧縮コイルばねの略図

9.3 2 要目表の表示

　ばねの実形をいかに忠実に描いたとしても, ばねをつくる際にはほとんど役に立たない. そのため, ばねを製作するには, ばねをつくるうえで必要な諸情報を明示した**要目表**が重要となる. この要目表に記述する項目を表9-3-1（JIS B 0004による）に示す. 図中に寸法など記入しにくいことは, 一括して要目表に記入する. なお, 要目表の事項と図中に記入する事項は, 重複しても問題ない.

表 9-3-1　要目表に表示する項目

仕様の区分	項　目	具体例
材　料	名称, 材質 寸法 その他	規格記号, 硬さ 線径または板厚 表面加工など
寸法・形状	寸法 形状 その他	コイル径（平均径, 外径, 内径）, 自由高さ, 密着高さ 巻数（総巻数, 有効巻数）, 巻き方向, ピッチ コイル端部の形状, コイル外側面の傾きなど
指定条件	ばね特性（複数可）	指定作用力を加えたときの寸法 指定寸法に変形したときの作用力 指定条件での応力
その他	ばね成形後の処理 ばねの使用環境など	表面加工, セッチング, 防せい（錆）処理 使用温度, 作用力の種類（繰返し）など

図 9-3-2 に圧縮コイルばねの表示例（JIS B 0004 による）を示す.

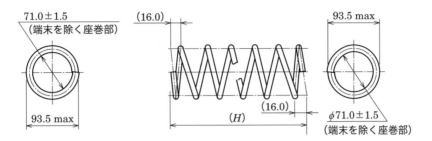

要目表

材料		SUP9	
材料の直径	mm	9.0	
コイル平均径	mm	80	
コイル内径	mm	71.0±1.5	
総巻数		(6.5)	
座巻数		A 側：0.75，B 側：0.75	
有効巻数		5.13	
巻き方向		右	
自由高さ（H）	mm	(238.5)	
ばね定数	N/mm	24.5±5％	
指定	荷重	N	−
	荷重時の高さ	mm	−
	高さ	mm	152.5
	高さ時の荷重	N	2113±123
	応力	N/mm²	687
最大圧縮	荷重	N	−
	荷重時の高さ	mm	−
	高さ	mm	95.5
	高さ時の荷重	N	3510
	応力	N/mm²	1142
密着高さ	mm	(79.0)	
コイル外側面の傾き	mm	11.9 以下	
硬さ	HBW	388 〜 461	
コイル端部の形状	A 側	切放し，ピッチエンド	
	B 側	切放し，ピッチエンド	
表面処理	材料の表面加工	研削	
	成形後の表面加工	ショットピーニング	
	防せい処理	黒色粉体塗装	

備考 1. その他の要目：セッチングを行う.
　　 2. 用途または使用条件：常温，繰返し荷重
　　 3. 横弾性係数 ＝ 78450 N/mm²
　　 4. 1 N/mm² ＝ 1 MPa

図 9-3-2　圧縮コイルばねの図示例

第 **10** 章

溶　接

溶接の概要

　溶接は，2個以上の部材を連続性があるように接合して一体化させるものであり，主に接合する箇所を加熱または加圧することで溶融状態にして接合する方法と，外部から溶融した材料を接合部に加えて接合する方法がある.

　機械製図において溶接を指示する際は，一般的に溶接記号を用いる．溶接記号は，溶接箇所や溶接方法を表すだけではなく，溶接寸法や仕上げ，検査方法など細かな内容まで指示することができる.

2 継手の種類と溶接の種類

　溶接継手とは，部材を溶接する結合部のことである．図 10-1 に示すように，部材の配置により様々な種類がある.

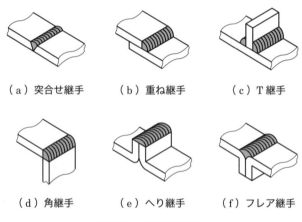

（a）突合せ継手　　（b）重ね継手　　（c）T継手

（d）角継手　　（e）へり継手　　（f）フレア継手

図 10-1　溶接継手の例

　また，溶接部の形状によって，突合せ溶接やすみ肉溶接，へり溶接などに分類される.

　突合せ継手やT継手などを溶接する際，部材の端部を加工して開先と呼ばれる溝形状を設けることがある．このように開先を設けて行う溶接を**開先溶接**と呼ぶ．代表的な開先の例を図 10-2 に，また開先の各部名称を図 10-3 に示す．継手強度に寄与する溶接金属部の厚さ（溶接する部材に溶け込む溶接金属部の長さ）を溶接深さと呼ぶが，開先溶接では余盛を除いた溶接表面から溶接底面までの距離を指す．図 10-4 に示すように，通常の開先溶接は溶接深さと板厚が等しい完全溶込み溶接だが，意図的に溶接深さを浅くする部分溶込み溶接の場合もある.

　すみ肉溶接は，T継手や角継手，重ね継手など部材間に開先を設けなくても三角形状の断面をもつ溶接部が得られるような溶接である.

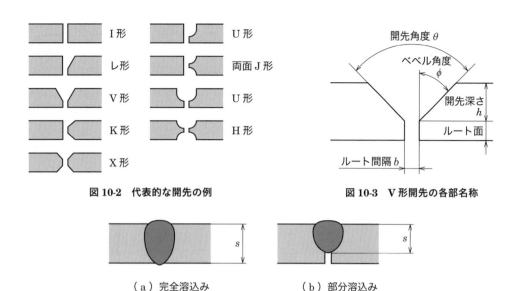

図 10-2　代表的な開先の例

図 10-3　V 形開先の各部名称

（a）完全溶込み　　　　　　　（b）部分溶込み

図 10-4　溶接深さ

　なお，フレア継手のような曲面と平面，または曲面同士が接する継手の場合，加工しなくても開先が得られるが，このような溶接は**フレア溶接**と呼ばれる.

　この他には，へり継手のような接合する部材のへりを溶接する**へり溶接**や，重ね合わせた部材の片方に開けた穴を用いる**プラグ溶接**（**栓溶接**），細長い溝を用いる**スロット溶接**（**溝溶接**）などがある.

3 溶接記号の記入方法

　溶接記号は JIS Z 3021 に定められ，矢，基線，ならびに特定の情報を伝える付加要素（基本記号，補助記号，寸法および尾）から構成される. 図 10-5 に各要素の配置例を示す.

　なお，タック溶接（一時的な仮付溶接）のように継手の詳細が不要な場合は，図 10-6 に示すような矢，基線および尾で構成される簡易溶接記号を使用してもよい.

　基線は，基本記号が配置される線で，通常は製図の図枠の底辺に平行に描く. ただし，基線を図枠底辺と平行に描けない場合に限り，図枠右側辺に平行となるように描いても

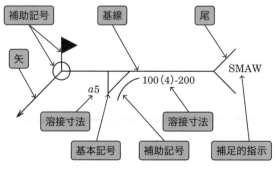

図 10-5　溶接記号各要素の配置例

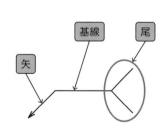

図 10-6　簡易溶接記号の例

よい．

　矢は，溶接箇所（継手）を示す引出線である．溶接箇所から引き出し，基線に対し角度をもって連結する．なお，T継手を除く突合せ継手においてレ形やJ形などの開先を取る側を示さなければならない場合は，図10-7に示すように，矢を折って当該部材を示さなければならない．ただし，開先を取る部材が明らかな場合は折らなくても良い（図10-9参照）．

　基本記号は，施工される溶接の種類や継手の形状および開先を示す記号である．代表的な基本記号の例を表10-1に示す．

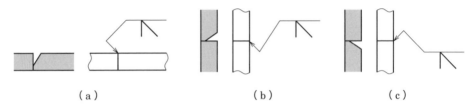

（a）　　　　　　　　　　　　（b）　　　　　　　　　　　　（c）

図10-7　折れ矢の使用例

表10-1　基本記号の例（JIS Z 3021：2016より抜粋）

溶接の種類	図　示※1	記　号※2	溶接の種類	図　示※1	記　号※2
I形開先溶接	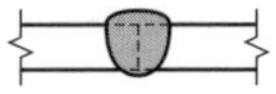	 ‖	抵抗スポット溶接	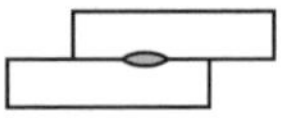	 ○
V形開先溶接	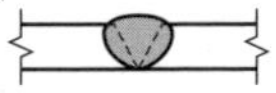	 ∧	溶融スポット溶接	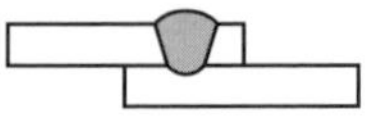	 ○
レ形開先溶接	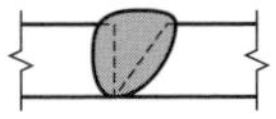	 ⼀	抵抗シーム溶接	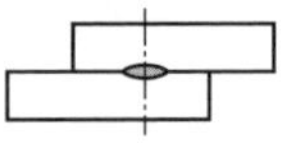	 ⊖
U形開先溶接	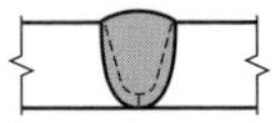	 ⋃	溶融シーム溶接	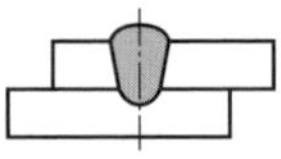	 ⊖
J形開先溶接		⼁			
V形フレア溶接		⋀	スタッド溶接		⊗
レ形フレア溶接		⼁	へり溶接 a)		�III
すみ肉溶接		▽	肉盛溶接		◠◠
プラグ溶接スロット溶接		⊔	ステイク溶接	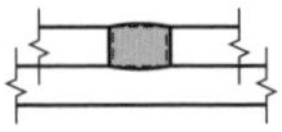	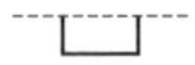 △

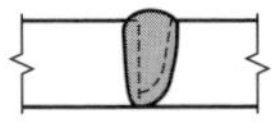

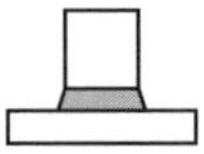

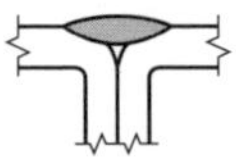

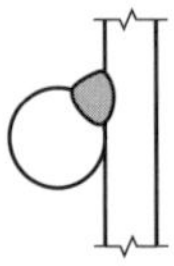

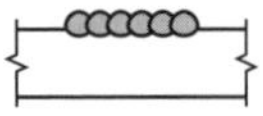

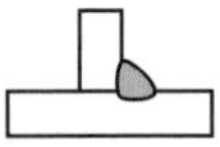

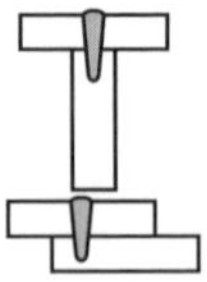

※1　図示中の破線は溶接前の開先を示す．
※2　記号中の破線は基線を示す．

溶接記号は，継手の同じ側，すなわち矢の側に示すのが望ましい．この場合，基本記号は基線中央部の下側に配置する．継手の矢の反対側を溶接する場合は，基本記号は基線中央部の上側に，上下反転させて記載する．基本記号は左右の向きを変えてはならない．矢の側および反対側を表す溶接記号の例を，図10-8に示す．

なお，基本記号は特定の形状を示すために組み合わせることができる．図10-9に組合せた基本記号の使用例を，表10-2に基本記号を組み合わせた例を示す．

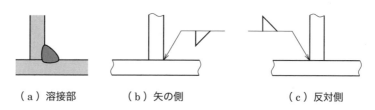

（a）溶接部 　　（b）矢の側 　　（c）反対側

図 10-8　矢の側／反対側を表す溶接記号の例

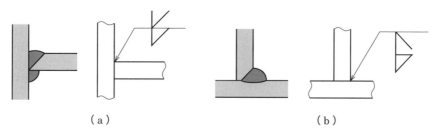

（a） 　　　　　　　　　　　　（b）

図 10-9　基本記号を組み合せた例（レ形溶接およびすみ肉溶接）

表 10-2　基本記号を組み合わせた例（JIS Z 3021：2016 より抜粋）

溶接の種類	図 示[※1]	記 号[※2]	溶接の種類	図 示[※1]	記 号[※2]
X 形開先溶接			K 形開先溶接およびすみ肉溶接		
K 形開先溶接			※1　図示中の破線は溶接前の開先を示す．		
H 形開先溶接			※2　記号中の破線は基線を示す．		

補助記号は，継手に関する付加情報を示す記号である．溶接部の表面形状や仕上げ方法を示すものは基本記号に近接して記載され，施工方法を表すものは基線と矢の交点に配置される．代表的な補助記号の例を表10-3に示す．

尾は，記号以外の溶接に関する補足的指示を表す必要がある場合にのみ示す．矢と反対側の基線端部に，図10-5に示すような"く"形状の要素と指示事項を記載する．

167

表 10-3　補助記号の例（JIS Z 3021：2016 より抜粋）

名　称	図　示※1	記　号※2	適用例※2
平ら		─	
凸形		⌒	
凹形		⌣	
滑らかな止端仕上げ	止端仕上げ	⌣	
裏溶接		⌒	
裏波溶接 （フランジ溶接・ へり溶接を含む.）		●	
全周溶接		○-	
二点間溶接	A　B	←→	A←→B
現場溶接	なし	🏳	
チッピング	チッピングによる 凹形仕上げ 2 12 20	C	12×20　くへこみ 2　C
グラインダ	グラインダ による 止端仕上げ	G	G
切削	切削による 平仕上げ 45° 12 5	M	12　5　45°　M
研磨	研磨による 凸形仕上げ	P	P

※1　破線は溶接前の開先を示す.
※2　破線は基線を示す.

4 溶接寸法

溶接寸法は，基線の基本記号と同じ側に記載する．

断面形状に関する寸法は，基本記号の左側に記載する．

突合せ溶接では，溶接深さを記載する．ただし，完全溶込みの場合，記載は不要である．また，開先溶接の場合は括弧をつけて指示する．

すみ肉溶接の場合は，脚長または公称のど厚寸法を記載する．公称のど厚寸法を示す場合は，寸法の前に a を記載する．不等脚すみ肉溶接の場合は，小さい方の脚長を先に，大きい方の脚長を後に記載する．

へり溶接や肉盛溶接は，所要の溶接金属または肉盛の厚さを記載する．

開先形状を表す寸法は，ルート間隔 b 基本記号の内部に，開先角度 α は基本記号の外部に，開先深さは基本記号の左側に，それぞれ記載する．

表 10-4　溶接寸法の記入例（JIS Z 3021：2016 より抜粋）

溶接の種類	図　示[1]	記　号[2]	溶接の種類	図　示[1]	記　号[2]
部分溶込み		$(s) \parallel$ $h(s) \bigwedge$	すみ肉	$z = 10\,\mathrm{mm}$，$a = 7\,\mathrm{mm}$ の場合	10 （脚長で表示） または $a\,7$ （公称のど厚での記載例）
V 形フレア		$(s) \bigwedge$	不等脚	10 6	6×10
			重ね	s	$s \parallel\!\parallel$
レ形フレア		$(s) \bigwedge$	突合せ	s	
			並列断続	P　P L　L　L	$L(n){-}P$ $L(n){-}P$
断続	P　P L　L　L	$\parallel L(n){-}P$	千鳥断続	（オフセット）P L　L　L　L	$L(n){-}P$ $L(n){-}P$ $L(n){-}P$ $L(n){-}P$

※1　図示中の破線は溶接前の開先を示す．
※2　記号中の破線は基線を示す．

溶接長さは基本記号の右側に記載する．長さに関する寸法の記載がない場合は，継手全長に渡って溶接する．

　断続溶接の寸法は，溶接要素の公称長さ，溶接の個数および溶接の中心間隔を基本記号の右側に記載する．並列断続溶接の場合は基線の両側に記載する．千鳥断続溶接の場合も基線の両側に記載するが，溶接記号は基線を両側でずらして記載する．オフセットの寸法を示す場合は，尾などに指示する．両側の寸法が対称であるときも，片側の寸法を省略してはならない．

表 10-5　開先形状の寸法記入例（JIS Z 3021 : 2016 より抜粋）

溶接の種類	図　示※1	記　号※2	溶接の種類	図　示※1	記　号※2
I 形開先溶接		$\lvert b \rvert$	K 形開先溶接（対称）		45°／K＼45° 注記：両側の開先角度が対称のときは，基線の下側の角度を省略してもよい．
V 形開先溶接		b	X 形開先溶接（非対称）		90°／X＼60°
K 形開先溶接		b K	V 形開先溶接		$h(s)$
V 形開先溶接		50°	X 形開先溶接		$h(s)$ $h(s)$
J 形開先溶接		20°			

※1　図示中の破線は溶接前の開先を示す．　　※2　記号中の破線は基線を示す．

第10章　溶　接

第11章

スケッチ

11.1　スケッチ図の意義

Point
・スケッチ図（見取図）とは何かを理解する.

　スケッチ図（見取図）とは，実際の品物を見ながらその形状を描き，各測定器具により測った品物各部の寸法を記入した図のことである．通常，一から新しい製品を設計する場合にはほぼ描くことはないが，図面がない実製品と同じまたは類似の製品を設計したい場合には，スケッチを行う必要がある．また，機械の修理や改良をする際，現品の寸法を測定するほうが適切な場合もある．このように，現場ではしばしばスケッチ図を描くことがある．

　また，スケッチはあくまで正式な図面ではないため，基本的に製図器具を使わずに，**フリーハンドで作図**を行うことが望ましい．これは，限られた時間ですばやく，かつ正確に品物の形状や寸法をスケッチすることが要求されるためである．また，後述するように，寸法の入れ方も必ずしも製図のルールに則る必要はない．そして，このような粗雑な図をもとにし，製図器具を用いて正式な図面を作図する．図 11-1-1 にその例を示す.

（a）実際の品物

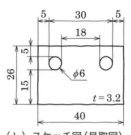
（b）スケッチ図（見取図）

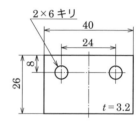
（c）図面（三角法）

図 11-1-1　スケッチ図と図面

11.2　フリーハンドによる作図

Point
・スケッチ図をフリーハンドで描く必要性を理解する.

　スケッチ図に限らず，設計者はしばしばフリーハンドで作図する場面がある．例えば，図面について他者に説明をする場合や，新しい機構を考案する場合，図面を描く前にどこに何の投影図を描くべきかを検討する場合などである．これらの作業では，製図用具を使用して作図するよりも，いかにすばやく理解しやすい図を描くかに重きを置かれるため，フリーハンドで描くことが望ましい．そのため，設計者には，製図用具を用いて図面を描く能力はもちろん必要だが，フリーハンドで作図する技術も身につけておく必要がある.

フリーハンドで作図する場合は，HB ないし H の鉛筆（シャープペンシル）を使って，普通紙または方眼紙に描く．また，フリーハンドで描く図形は，図面作図のように正面図・平面図・側面図などで描くほうがよい．ただし，簡単な品物に関しては，等角図などで作図するほうが楽な場合もあるので，必ずしも製図のルールに則った図形で描く必要はない．

11.3 スケッチに必要な器具

Point
・スケッチに必要な器具や測定器を知る．

スケッチに必要な器具には，次のものがあげられる．

1 鉛筆および消しゴム

線や文字，図形を描くために必要なものとして，鉛筆（シャープペンシル）と消しゴムが必要である．鉛筆は HB ないし H が望ましい．製図のルールでは，線の太さによって線の用途が異なるため，異なる太さの鉛筆を使い分けるが，スケッチでは必ずしもそれに従う必要はない．ただし，あとで見た際に線の種類がわかるように注意をする必要がある．

2 用紙

用紙は，どんなものでもスケッチに使うことができるが，可能であれば，方眼紙のほうが図形を描くうえで便利である．

3 スケール

スケールには，折尺・巻尺・直尺などの種類があるが，場合によって使いやすいものを選定すればよい．一般的には，携帯性にすぐれた鋼製の巻尺または直尺（図 11-3-1）が使用範囲も広く，都合のよい場合が多い．

図 11-3-1　鋼直尺

4 ノギス

ノギスは必ずしも必要ではないが，品物の外形，円形の内外径を測定する際に非常に便利である．また，スケールでは測定の難しい 0.1 mm 単位の寸法まで測定することが可能であるため，精密部品のスケッチに適している．図 11-3-2 のように，アナログ表示のものからデジタル表示のもの，深さを測るデプスノギスなどの種類があり，必要に応じて使うことをすすめる．

173

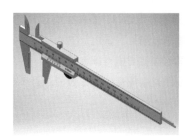

図 11-3-2　ノギス

5　丸パスおよび穴パス

外径を測るときに用いる器具として**丸パス**（外パス），穴径を測るときに用いる器具として**穴パス**（内パス）がある．これらの使い方の一例を図 11-3-3 に示す．ノギスでは測定が難しい狭いスペースや，直径の大きな配管などの測定に適しており，ノギス同様に，あると便利である．

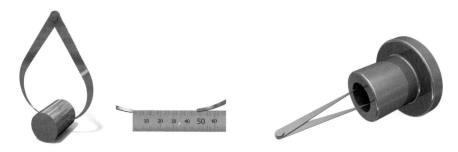

（a）丸パスによる外径の測定　　　　　　　　（b）穴パスによる外径の測定

図 11-3-3　パスによる内外径の測定

6　コンパス

スケッチでは，原則として製図用具は用いないが，コンパスを使用するのはよい．これは，フリーハンドで円を描くのはかなり苦労するが，コンパスを用いれば，早くて見やすい図を描くことができるためである．

7　その他

必ずしも必要ではないが，測定器としては**マイクロメータ**や**ハイトゲージ**などがあると便利な場合がある．また，すきまを測定する**シクネスゲージ**，ねじのピッチを測定する**ピッチゲージ**，歯車のモジュールを測定する**モジュールゲージ**，半径 R を測定する**ラジアスゲージ**，角度を測定する**アングルゲージ**などの各種ゲージも，必要に応じて用意することをすすめる．

さらに，スケッチ図を描く際には，機械を分解して各部品をスケッチすることが多いため，分解・組立てに必要なスパナやレンチ，ドライバなどの工具をあらかじめ準備しておく必要がある．

Point

・寸法測定の要領を知る.

　スケッチ図の作成においては，いかに正確に素早く寸法を測定することが求められる．ここでは，スケッチ図を作成するにあたり，必要な寸法測定の要領の例を紹介する.

①　フランジのような部品で，ボスの高さを測定する場合，ハイトゲージなどがあると容易に測定することができる．しかし，スケッチ時にハイトゲージがなくとも，図 11-4-1 に示すように，直尺が 2 本あると測定することができる.

図 11-4-1　ボスの高さの簡易測定

②　フランジの壁厚を測定する場合，ノギスでフランジの外径と内径を測定し，その差から壁厚を測定することができる．また，図 11-4-2 に示すように，適当な厚さの小片を使って，小片と壁厚を同時に測定する．そして，小片の厚さを引くことによって壁厚を測定することができる.

③　穴の中心距離を測定する場合，2 個の穴が同径であるならば，図 11-4-3 のように，一方の穴の側端から他方の穴の側端までの距離 C' を測ることにより，穴の中心距離 C を簡易的に測定することができる．2 個の穴径が異なったとしても，A' と B' を測定し，$(A' + B')/2$ を求めれば，これが穴の中心距離の寸法となる.

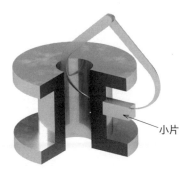

小片

図 11-4-2　フランジのある場合の壁厚の測定例

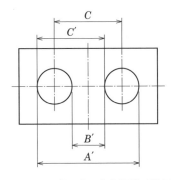

図 11-4-3　2 個の穴の中心距離の測定例

第 12 章

CAD

12.1

12.1 CAD

CAD はコンピュータ支援設計と訳されるが，コンピュータの助けを借りて設計を行うことである．図 12-1-1 に示すように，コンピュータのマウスを用いて線を描き，キーボードを使って寸法を入力していく．手描き図面では，例えば同じ形状の部品をいくつも使った組立図を描く場合には，それぞれ一つずつ手描きで描かなければならない．しかし，コンピュータを用いた場合には，一つの部品を描いてしまえば，あとはそれをコピーして貼り付ければすむので，設計者の負担を軽減することができる．

図 12-1-1　CAD での図面作成の様子

このように，コンピュータを用いて図面を描くことにより，設計者の図面を描く手間を省くという点から，コンピュータ支援設計との名称となっている．CAD は下記の英語名の頭文字を用いたものであり，同じくコンピュータ支援の下で製造や解析を行う手段として，CAM や CAE がある．

CAD：computer aided design
CAM：computer aided manufacturing
CAE：computer aided engineering

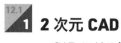

1 2 次元 CAD

CAD には **2 次元 CAD** と **3 次元 CAD** がある．図 12-1-2 に 2 次元 CAD の例を示す．2 次元 CAD は，ドラフターによる手描き図面と同じ感覚で作図することができる．直線や円弧などを選択し，描きたいところをマウスで選択し描いていく．寸法はキーボードから入力すればよく，正確に速く作図することができる．寸法線，仕上げ記号，公差などをすべて設計者が入力しなければならないため，JIS による作図ルールをきちんと身につけておかなければならない．

2 次元 CAD ソフトは Web 上にフリーソフトとしてアップされているものも多く，誰でも容易に使える利点がある．

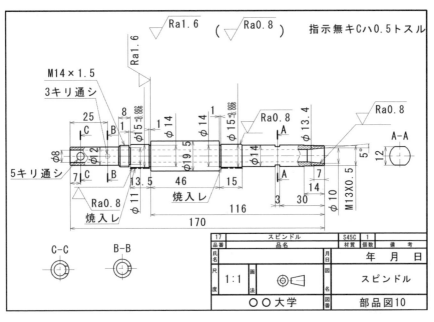

図 12-1-2　2 次元 CAD の例

3 次元 CAD

　3 次元 CAD は立体部品を作図していく．図 12-1-3 に部品の作成方法を示す．例えば，図 (a) の「突起」という機能では，まず 2 次元で形状を作図し，それを押し出して形状をつくっていく．図 (b) の「カット」では，図 (a) のようにして作成した形状の表面に穴を描き，それをくり抜いていく機能である．そのほかにも，2 次元形状をある軸で回転させる図 (c) のような回転や，図 (g) のような面取りなどの機能もある．

　このように作成した 3 次元部品には，表面粗さや公差といった情報も入力できるため，この部品データがあればそのまま NC（数値制御）工作機械にデータを転送し，機

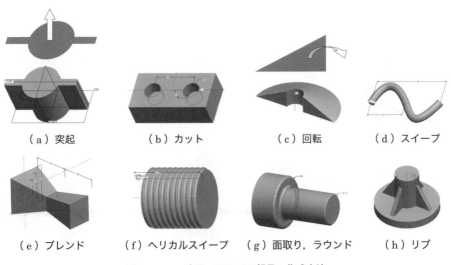

図 12-1-3　3 次元 CAD での部品の作成方法

械加工が可能となる．ただし，機械加工の現場では，すべての加工が NC 工作機械で行われるわけではなく，汎用の旋盤やフライス盤で加工することのほうが多い．その際は，3 次元で作成された部品から 2 次元の図面を作成しなければならない．

図 12-1-4 が，3 次元部品から 2 次元図面を作成した例である．この図面を作成するには，どの向きが正面図となるか，側面図をどれにするか，どこの断面を取れば加工作業者にわかりやすいかを設計者が判断し，作成しなければならない．また寸法も，ある程度は CAD のソフトウェアが自動で入力するが，JIS に則した寸法の入れ方になっているとは限らない．加工する際には基準面が重要となり，寸法もこの基準面から入れなければならないが，そのように自動的に作成されるとは限らない．そのため，設計者が正しい寸法の入れ方に修正しなければならないため，JIS の作図方法はきちんと修得しておく必要がある．

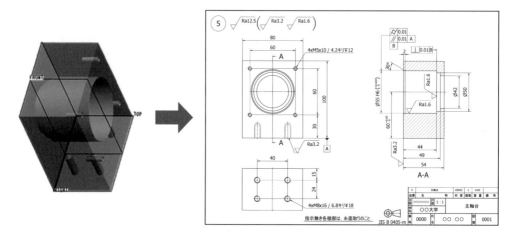

図 12-1-4　3 次元 CAD 部品から 2 次元図面の作成

組立図は，3 次元部品を組み合わせることにより作成できる．図 12-1-5 に二つの部品をコンピュータ上で組み立てている様子を示す．組み立てる際の基準面がどこかを考慮しながら組み立てていく．また，図 12-1-6 に 3 次元での組立図を示す．2 次元での組立図に比べて，設計した装置の機構がわかりやすくなっており，図面を読むことができない人にも直感的に理解しやすくなる．

また，設計の誤りによって部品と部品が干渉している場合もある．もし実際に組み立

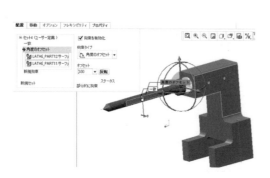

図 12-1-5　3 次元 CAD 部品の組立て

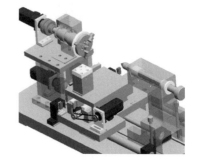

図 12-1-6　3 次元 CAD での組立図

ててから干渉が見つかったとなると，設計を始めから見直さなければならなくなり，むだな時間を要してしまう．そこで，3次元 CAD での組立図上で部品が干渉していないかをチェックする機能が付いている．この機能の支援により，設計者は安心して設計を進めることができる．

> **Point**
> ・CAM とは何かを知る．

　CAM はコンピュータ支援製造と訳されるが，NC 工作機械や，組立てを行うロボットなどの制御用プログラムをコンピュータにより自動作成し，それを基に製造するシステムを指す．3次元 CAD により部品を作成し，このデータを活用して NC プログラムを作成するものである．

　図 12-2-1 に NC プログラム作成方法の流れを示す．図の ① が加工したい部品で，② がこの部品をつくるための工作物である．加工するためには，② の形状から ① の形状の差を除去すればよい．機械加工に用いる工作機械（この場合はフライス盤）を決め，工具の回転数，送り速度，切込み量などを入力する．すると，③ のように工具軌跡を計算し，どのように加工されるかをシミュレーションすることができる．そして，④ のように加工後の部品形状が正しければ，図 12-2-2 に示す NC プログラムを出力すればよい．これを NC 工作機械に転送すれば，人手を介して NC プログラムを作成する手間が省け，生産効率の向上を図ることができる．

① 加工したい部品　　② 工作物　　③ 工具軌跡　　④ 加工後の形状確認

図 12-2-1　CAM での NC プログラム作成方法の流れ

```
op10.tap - メモ帳                    □    ×
ファイル(F)  編集(E)  書式(O)  表示(V)  ヘルプ(H)
%
N1 T1 M6
N2 S6000 M3
N3 G0 X32. Y-19.5
N4 G43 Z5. H1
N5 Z1.
N6 G1 Z-2. F600.
N7 X19.5
N8 Y-20.5
N9 X32.
N10 Y-18.
```

図 12-2-2　出力した NC プログラムの例

12.3 CAE

　<u>CAE</u> とは，コンピュータで数値解析または計算を行うことにより，製品開発を支援することである．設計段階においては，部品に作用する応力が設計上の許容応力に収まっているか，あるいは作用した荷重により部品が変形したときに，他の部品と干渉しないかをチェックしながら設計を進める．その際に，作成した 3 次元部品に荷重を作用させ，応力や変形量を確認できるのが CAE である．現在の主な解析手法は，有限要素法（finite element method：FEM）解析が用いられている．

　図 12-3-1 に CAE による解析手法を示す．図（a）に示す梁に等分布荷重が作用したとして解析すると，図（b）のように，梁がどのくらい変形したかや，応力がどの程度作用しているかを色で視覚的に得ることができる．また，変形量や応力の分布を正確に知りたい場合には，図（c）に示すようにグラフで表すこともでき，さらに，これらの数値を出力し，別の表計算ソフトを使って他の計算にも活用することができる．

　CAE を用いる場合には，得られた解析結果が正しいかどうかを判断しなければならないため，材料力学や弾性学などの知識が必要になる．

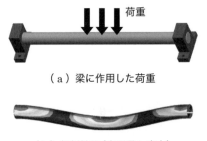

（a）梁に作用した荷重

（b）解析結果（変形量と応力）

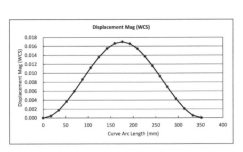

（c）変形量の出力結果

図 12-3-1　CAE による構造解析

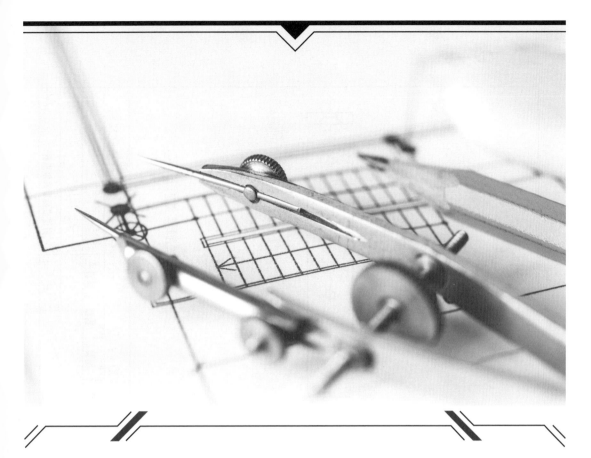

第 **13** 章

図　面　集

1 プレート

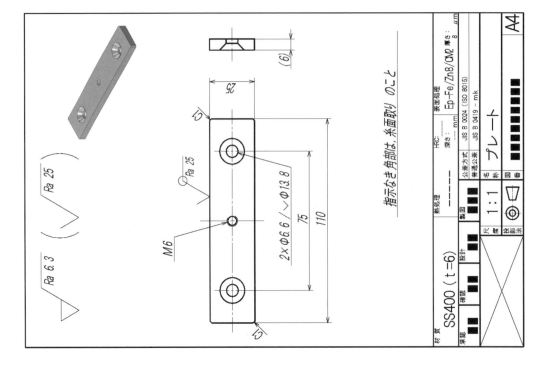

2 ガイド・ブロック

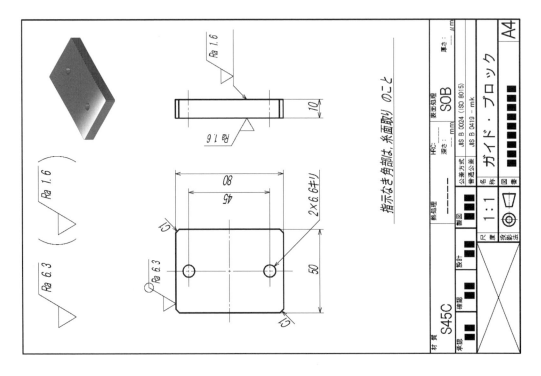

3 ワッシャ

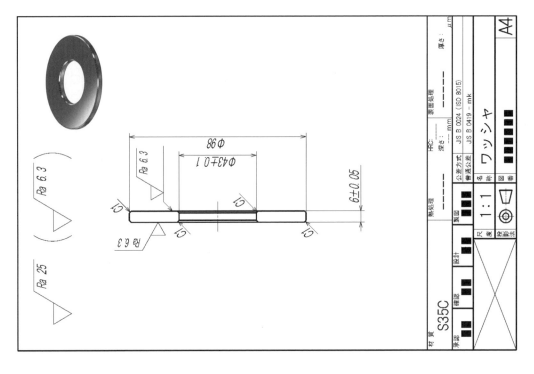

| 材質 | S35C |

4 プラグ

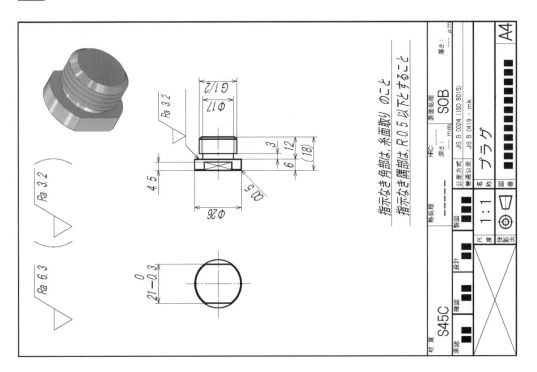

指示なき角部は,糸面取り のこと
指示なき隅部は,R0.5 以下とすること

| 材質 | S45C |

5 Lブラケット

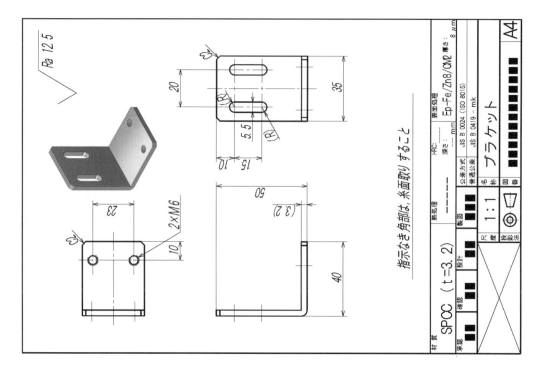

6 インデックス

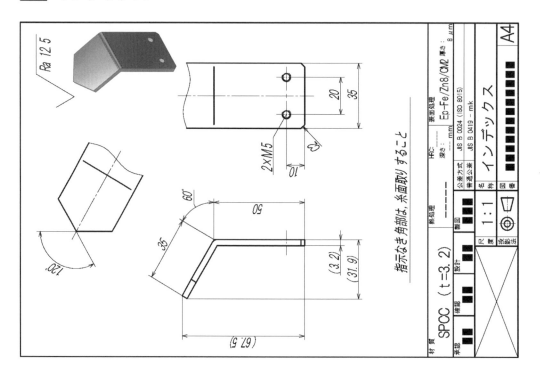

7 ガイド

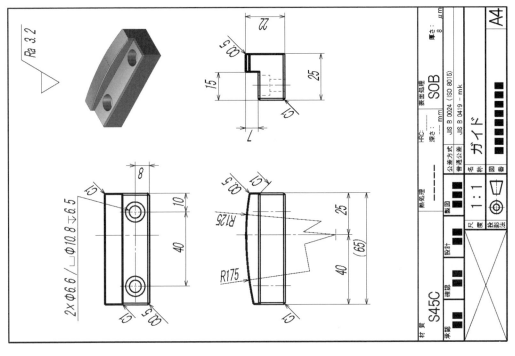

8 アダプタ

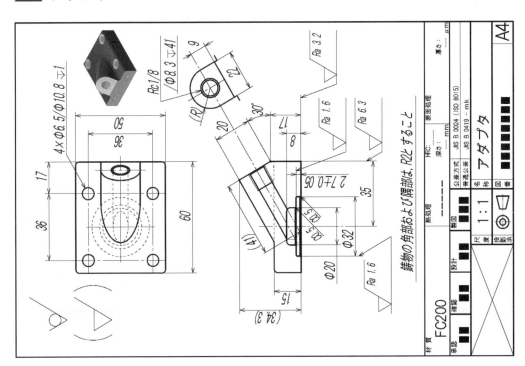

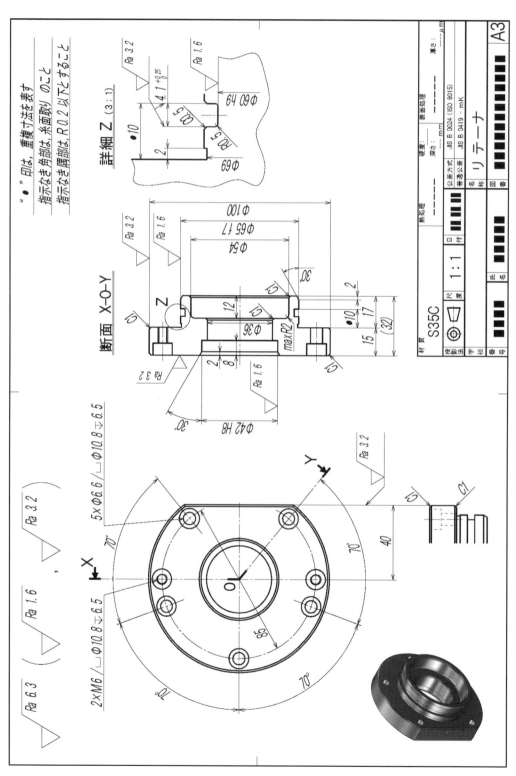

断面 X-O-Y

詳細 Z (3：1)

"●" 印は、重複寸法を表す
指示なき角部は、糸面取り のこと
指示なき隅部は、R0.2 以下とすること

材質	S35C	尺度 1：1	名称 リテーナ

√Ra 6.3 (√Ra 1.6 , √Ra 3.2)

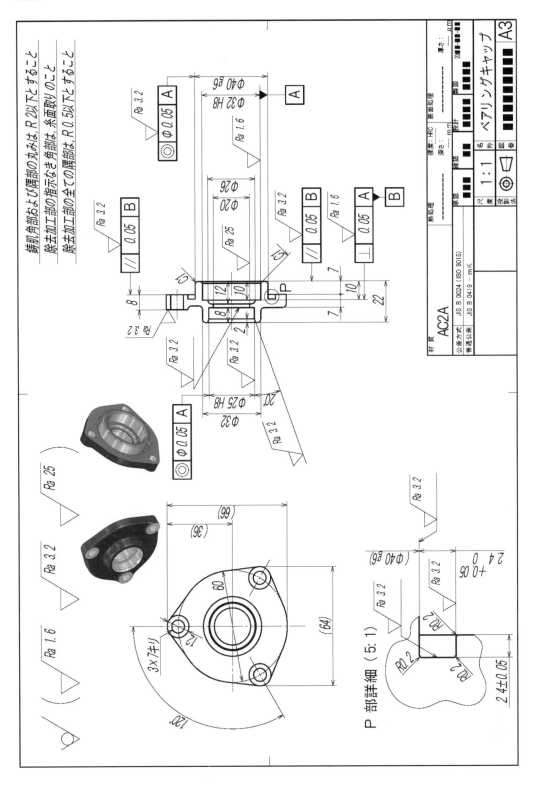

P 部詳細（5：1）

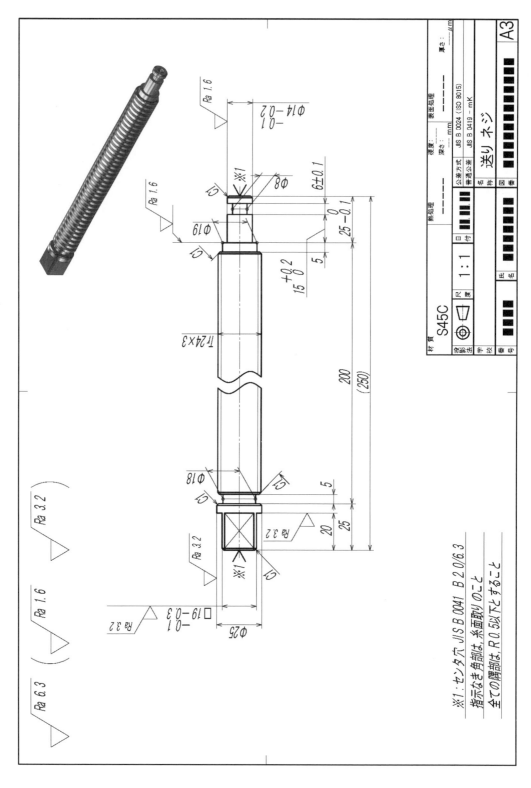

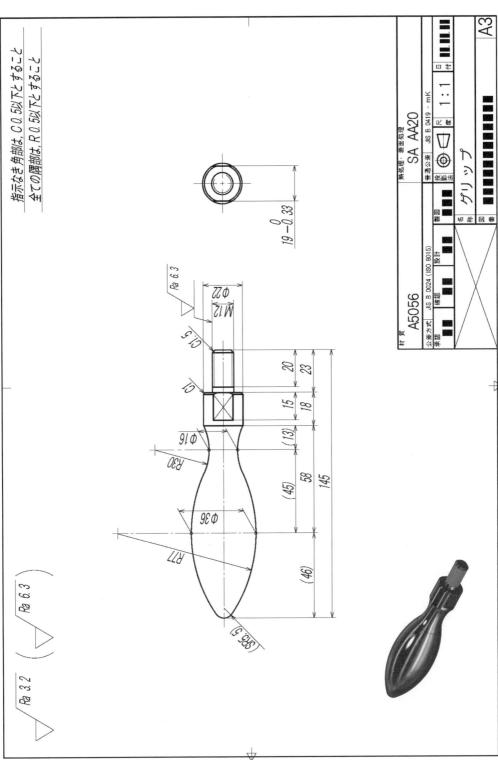

指示なき角部は、C0.5以下とすること
全ての隅部は、R0.5以下とすること

$\sqrt{}$ Ra 3.2 $\left(\sqrt{}$ Ra 6.3 $\right)$ $\sqrt{}$ Ra 6.3

$19{-}0.33^{\ 0}$

$\sqrt{}$ Ra 6.3

φ22
M12
φ15
C1
20
23
15
18
φ16
R30
(13)
58
145
(45)
φ36
R77
(46)
(SR5.5)

材質	A5056	熱処理・表面処理	SA AA20		A3
公差方式	JIS B 0024 (ISO 8015)	普通公差	JIS B 0419 - mK	尺度 1:1	
承認	■■	検図	■■	製図	日付 ■■
		確認	■■		
		設計	■■	名称 グリップ	
				図番	

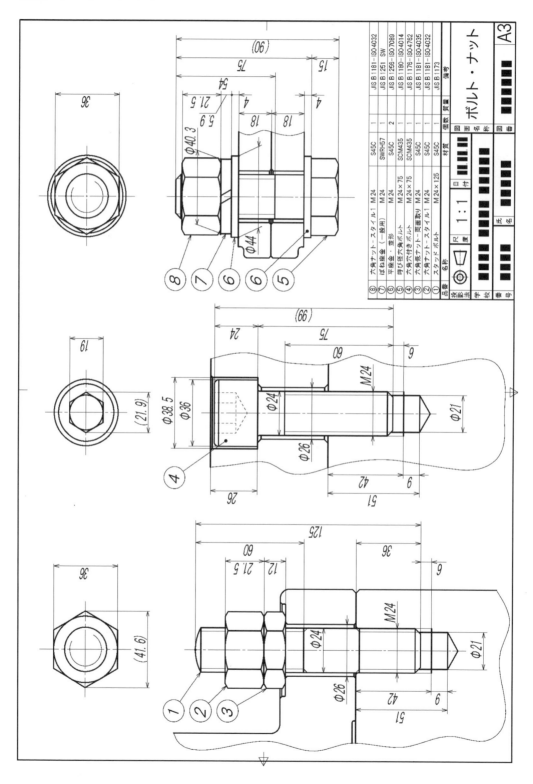

品番	名称	材質	個数	質量	備考
⑧	六角ナットースタイル1 M 24	S45C	1		JIS B 1181-ISO 4032
⑦	ばね座金	SWRH57	1		JIS B 1251 SW
⑥	平座金・並形	S45C	2		JIS B 1256-ISO 7089
⑤	呼び径六角ボルト M 24×75	SCM435	1		JIS B 1180-ISO 4014
④	六角穴付きボルト M 24×75	SCM435	1		JIS B 1176-ISO 4762
③	六角低ナット一両面取り M 24	S45C	1		JIS B 1181-ISO 4035
②	六角ナットースタイル1 M 24	S45C	1		JIS B 1181-ISO 4032
①	スタッドボルト M 24×125				JIS B 1173

ボルト・ナット

尺度 1:1

A3

第**13**章 図面集

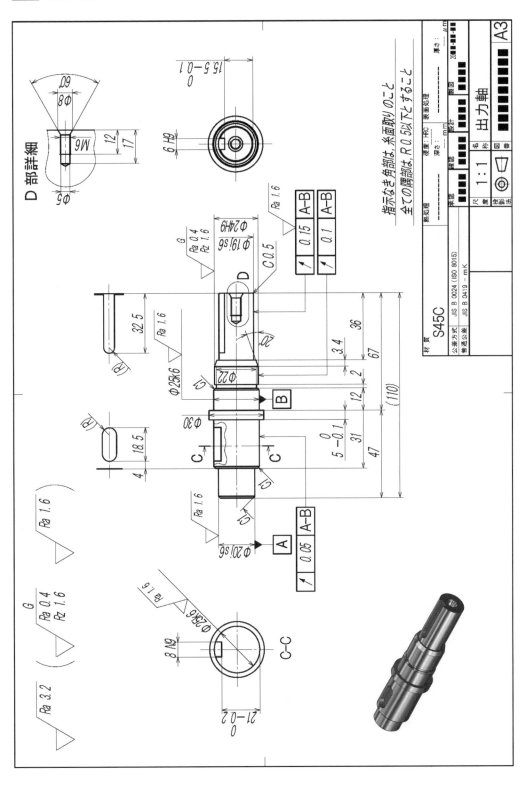

D 部詳細

S45C

1:1

A3

出力軸

指示なき角部は、糸面取りのこと
全ての隅部は、R 0.5以下とすること

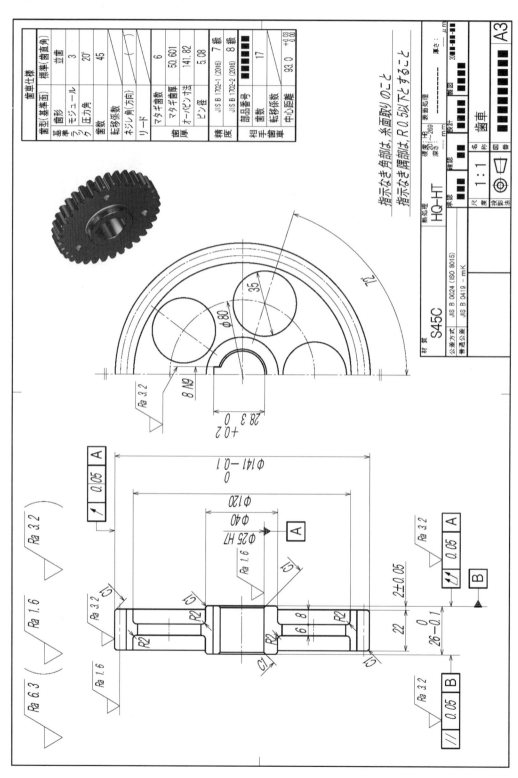

歯車仕様		
歯車(基準面)	基準面	
基準	歯形	並歯
ラック	モジュール	3
	圧力角	20°
歯数		45
転移係数		
ネジレ角(方向)		( )
リード		
マタギ歯数		6
マタギ歯厚		50.601
オーバーピン寸法		141.82
ピン径		5.08
精度	JIS B 1702-1 (2016)	7 級
	JIS B 1702-2 (2016)	8 級
相手歯車	部品番号	
	歯数	17
	転移係数	
	中心距離	93.0 $^{+0.03}_{0.00}$

指示なき角部は、糸面取りのこと
指示なき隅部は、R 0.5以下とすること

材 質	S45C	熱処理	HQ-HT	硬度	HB
					深さ：1～269
公差方式	JIS B 0024 (ISO 8015)		表面処理		
普通公差	JIS B 0419 - mK				

尺度	1:1	名称	歯車
投影法		図番	A3

第13章 図面集

194

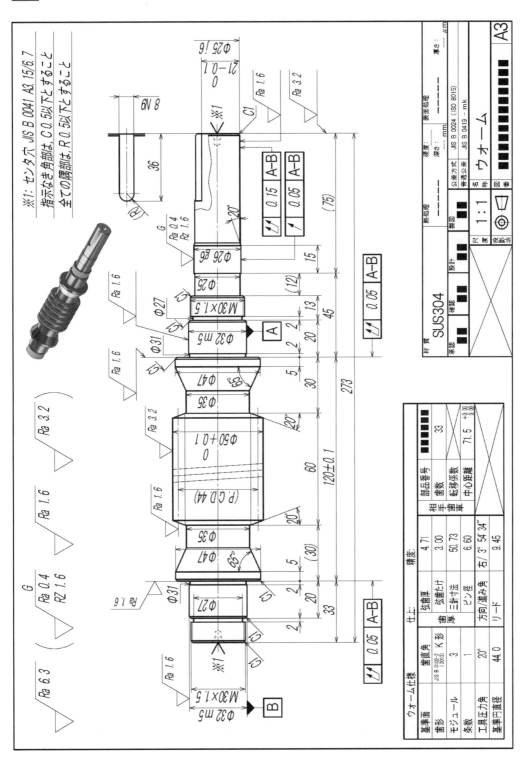

※1: センタ穴は JIS B 0041 A3 15/6.7
指示なき角部は, C0.5以下とすること
全ての隅部は, R0.5以下とすること

基準面		仕上		精度:	
歯形	JIS B 0102-2 K形 (2013)	弦歯厚			4.71
モジュール	3	弦歯たけ			3.00
条数	1	三針寸法			50.73
工具圧力角	20°	ピン径			6.60
基準円直径	44.0	方向/進み角		右/	3° 54′34″
		リード			9.45

ウォーム仕様

	相手歯車		
	部品番号		
	歯数		33
	転移係数		
	中心距離		71.5 ${}^{+0.08}_{0.00}$

材質	SUS304		熱処理		表面処理		厚さ: ___ mm
					速度: ___ mm		深さ: ___ μm
承認		硬度		製図		公差方式 公差値 JIS B 0024 (ISO 8015)	
				設計		普通公差 JIS B 0419 - mk	
承認		確認		尺度 1:1	投影法 ◎	名称 ウォーム	A3
						図番	

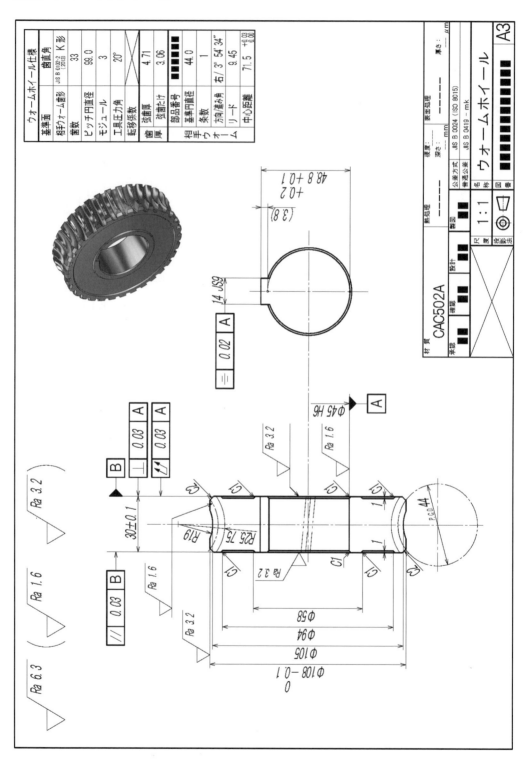

ウォームホイール仕様		
基準面	歯直角	
相手ウォーム歯形	JIS B 0102-2 (2013)	K 形
歯数		33
ピッチ円直径		99.0
モジュール		3
工具圧力角		20°
転移係数		
歯厚	弦歯厚	4.71
	弦歯たけ	3.06
部品番号		
基準円直径		44.0
相手ウォーム	条数	1
	方向/進み角	右/ 3° 54′ 34″
	リード	9.45
中心距離		71.5 $^{+0.03}_{0.00}$

CAC502A

ウォームホイール

A3

第13章
図面集

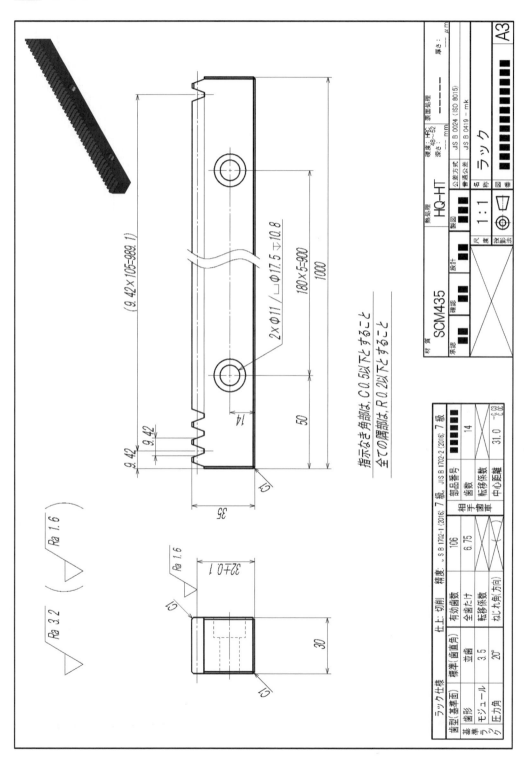

第13章 図面集

19 引張コイルばね

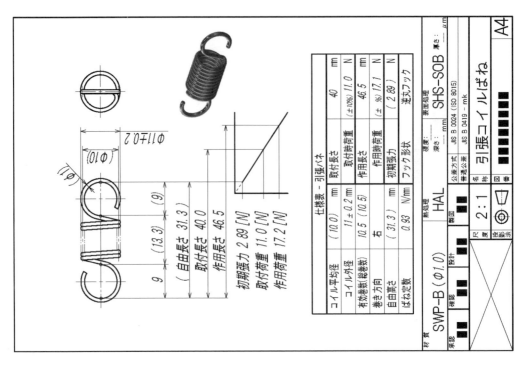

φ11±0.2
(φ10)
(9)
(13.3)
9
(自由長さ 31.3)
取付長さ 40.0
作用長さ 46.5
初期張力 2.89 [N]
取付荷重 11.0 [N]
作用荷重 17.2 [N]

仕様表 - 引張バネ				
コイル平均径	(10.0)	mm	取付長さ	40 mm
コイル外径	11±0.2	mm	取付時荷重 (±10%)	11.0 N
有効巻数(総巻数)	10.5 (10.5)		作用長さ	46.5 mm
巻き方向	右		作用時荷重 (±%)	17.1 N
自由高さ	(31.3)	mm	初期張力 (2.89)	N
ばね定数	0.93	N/mm	フック形状	逆丸フック

熱処理	HAL	硬度	表面処理	SHS-SOB	厚さ: ___ μm
		深さ: ___			

公差方式 普通公差 JIS B 0024 (ISO 8015) / JIS B 0419 - mk
図名 引張コイルばね
尺度 2:1
A4

材質 SWP-B (φ1.0)

20 圧縮コイルばね

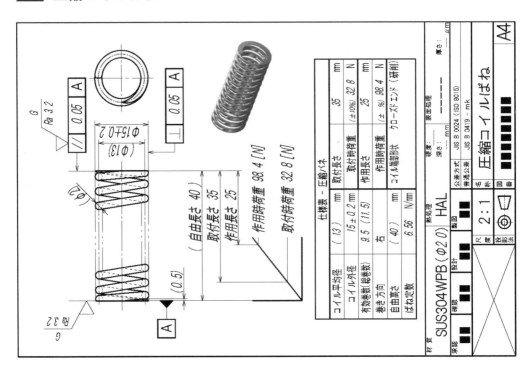

G Ra 3.2
// 0.05 A
⊥ 0.05 A
φ15±0.2
(φ13)
φ2
(自由長さ 40)
取付長さ 35
作用長さ 25
作用時荷重 98.4 [N]
取付時荷重 32.8 [N]
(0.5)
G Ra 3.2
A

仕様表 - 圧縮バネ				
コイル平均径	(13)	mm	取付長さ	35 mm
コイル外径	15±0.2	mm	取付時荷重 (±10%)	32.8 N
有効巻数(総巻数)	9.5 (11.5)		作用長さ	25 mm
巻き方向	右		作用時荷重 (±%)	98.4 N
自由高さ	(40)	mm	コイル端部形状	クローズドエンド(研削)
ばね定数	6.56	N/mm		

熱処理	HAL	硬度	表面処理	___	厚さ: ___ μm
		深さ: ___			

公差方式 普通公差 JIS B 0024 (ISO 8015) / JIS B 0419 - mk
図名 圧縮コイルばね
尺度 2:1
A4

材質 SUS304WPB (φ2.0)

第 14 章

作図問題

作図問題 A

斜眼紙内に等角図で描かれた品物について，正投影による三面図を方眼紙内に描きなさい．大きさは，斜眼紙と方眼紙の目盛りの数が同じとなるようにすること．

【解答例】

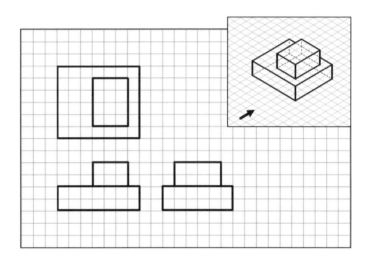

問題 A-1

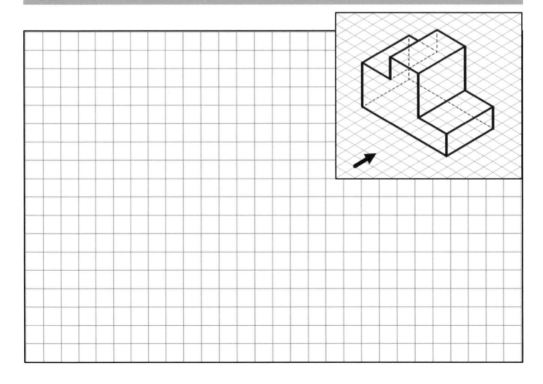

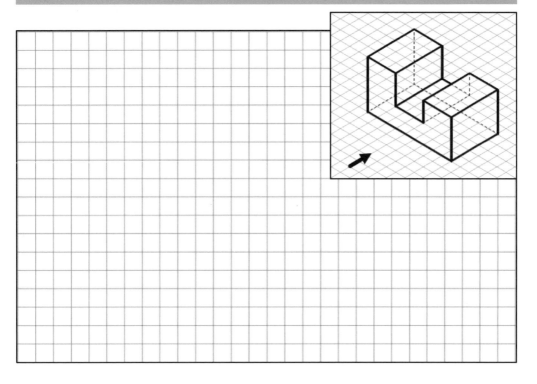

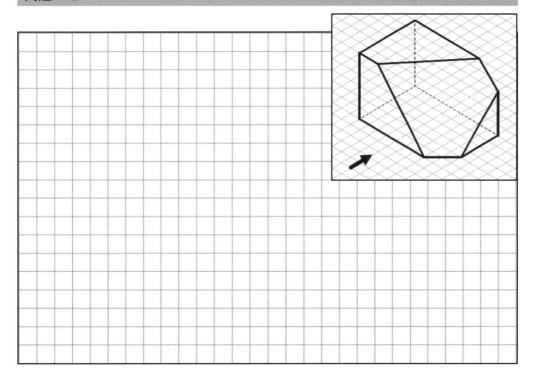

問題 A-4

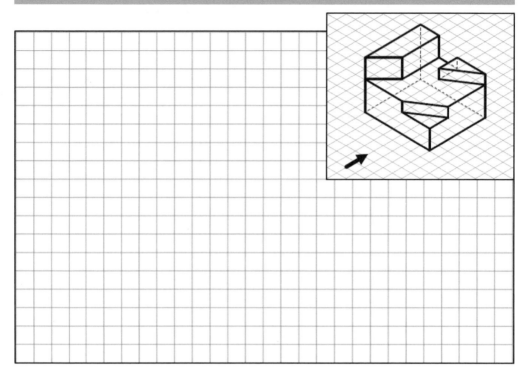

問題 A-5

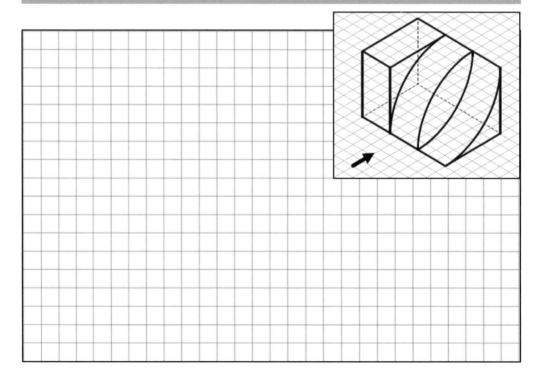

問題 A-6

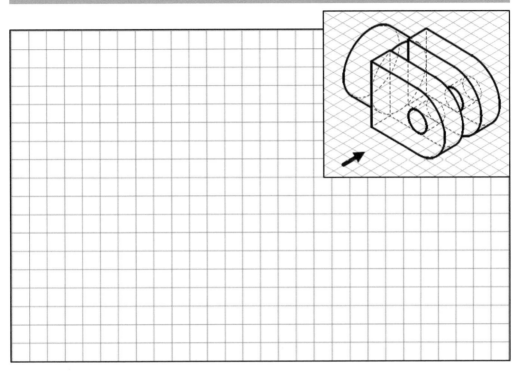

問題 A-7

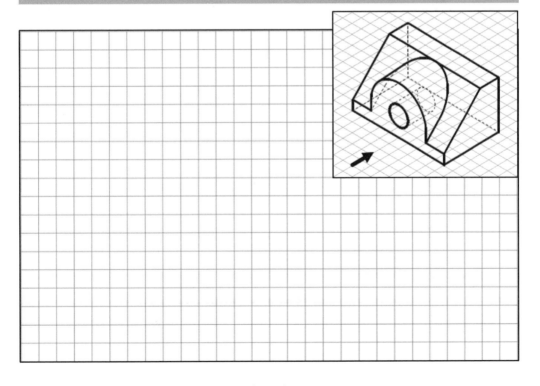

第
14
章

作
図
問
題

作図問題 A の練習用紙

作図問題 B

作図問題 B

方眼紙に描かれた三面図による立体について，その等角図を斜眼紙内に描きなさい．大きさは，方眼紙と斜眼紙の目盛りの数が同じとなるようにすること．

【解答例】

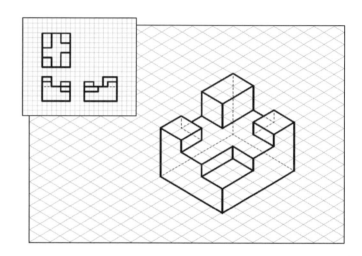

問題 B-1

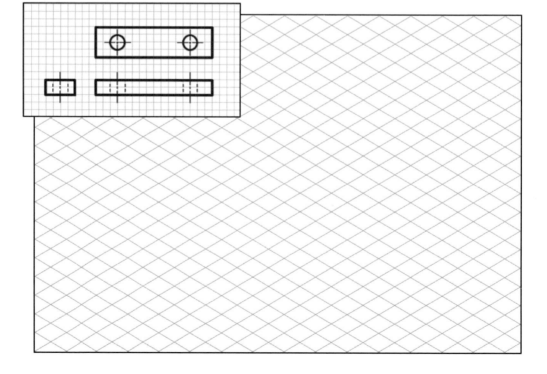

問題 B-2

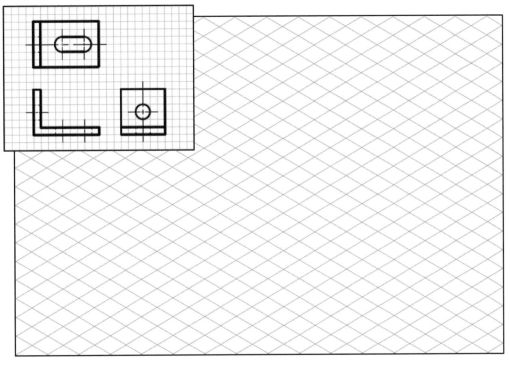

問題 B-3

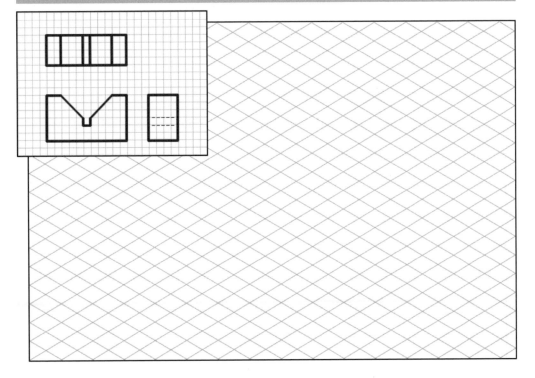

問題 B-4

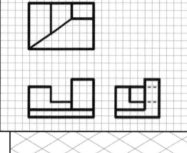

問題 B-5

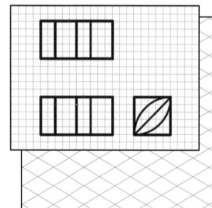

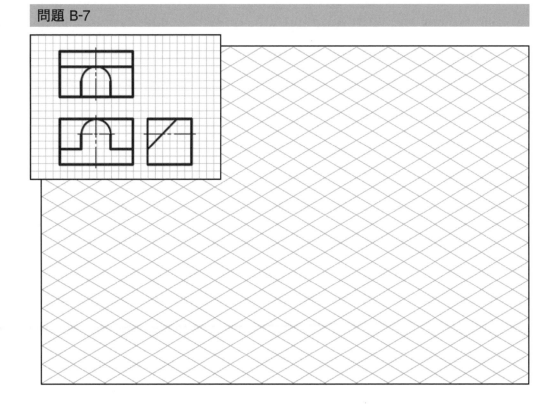

問題 B-6

問題 B-7

14.2

作図問題 B

209

付　　表

付表 1-1

1 IT 図示サイズに対する基本サイズ公差等級の数値

（JIS B 0401-1：2016）

使用区分

主として ゲージ類*1 ／ 限界ゲージ ／ ブロックゲージ
主としてはめあわされる場合の穴 ／ 主としてはめあわされる場合の軸 ／ 精密部品 ／ 工作機械 ／ 一般機械
主としてはめあわされない部分
精密研削 ／ 研削 ／ 精密旋削 ／ 旋削 ／ 精密フライス削り フライス削り

図示サイズ (mm)		基本サイズ公差等級																	
を超え	以下	1	2	3	4	5	6	7	8	9	10	11	12	13	14	15	16	17	18
		基本サイズ公差値 （μm）											基本サイズ公差値 （mm）						
–	3	0.8	1.2	2	3	4	6	10	14	25	40	60	0.10	0.14	0.26	0.40	0.60	1.00	1.40
3	6	1	1.5	2.5	4	5	8	12	18	30	48	75	0.12	0.18	0.30	0.48	0.75	1.20	1.80
6	10	1	1.5	2.5	4	6	9	15	22	36	58	90	0.15	0.22	0.36	0.58	0.90	1.50	2.20
10	18	1.2	2	3	5	8	11	18	27	43	70	110	0.18	0.27	0.43	0.70	1.10	1.80	2.70
18	30	1.5	2.5	4	6	9	13	21	33	52	84	130	0.21	0.33	0.52	0.84	1.30	2.10	3.30
30	50	1.5	2.5	4	7	11	16	25	39	62	100	160	0.25	0.39	0.62	1.00	1.60	2.50	3.90
50	80	2	3	5	8	13	19	30	46	74	120	190	0.30	0.46	0.74	1.20	1.90	3.00	4.60
80	120	2.5	4	6	10	15	22	35	54	87	140	220	0.35	0.54	0.87	1.40	2.20	3.50	5.40
120	180	3.5	5	8	12	18	25	40	63	100	160	250	0.40	0.63	1.00	1.60	2.50	4.00	6.30
180	250	4.5	7	10	14	20	29	46	72	115	185	290	0.46	0.72	1.15	1.85	2.90	4.60	7.20
250	315	6	8	12	16	23	32	52	81	130	210	320	0.52	0.81	1.30	2.10	3.20	5.20	8.10
315	400	7	9	13	18	25	36	57	89	140	230	360	0.57	0.89	1.40	2.30	3.60	5.70	8.90
400	500*2	8	10	15	20	27	40	63	97	155	250	400	0.63	0.97	1.55	2.50	4.00	6.30	9.70

*1 公差等級 IT 01 および IT 0 は使用頻度が少ないため規格本体には含めていない。

*2 基準寸法が 500 mm を超え 3 150 mm 以下の場合については、JIS B 0401-1 を参照のこと。

付表 2-1

2 穴に対する基礎となる許容差の数値 （JIS B 0401-2：2016）

下の許容差 *EI*（B〜JS*）、上の許容差 *ES*（J〜X）。JS* のサイズ差は ±IT/2 とする。P〜X は公差等級 8 以上。 （単位：μm）

図示サイズ (mm) を超え	以下	B	C	D	E	F	G	H	JS*	J6	J7	J8	K6	K7	K8	K9以上	M6	M7	M8	M9以上	N6	N7	N9以上	P	R	S	T	U	X
−	3	+140	+60	+20	+14	+6	+2	0	±IT/2	+2	+4	+6	0	0	0	0	−2	−2	−2	−2	−4	−4	−4	−6	−10	−14		−18	−20
3	6	+140	+70	+30	+20	+10	+4	0	±IT/2	+5	+6	+10	+2	+3	+5	0	−1	0	+2	−4	−5	−4	0	−12	−15	−19		−23	−28
6	10	+150	+80	+40	+25	+13	+5	0	±IT/2	+5	+8	+12	+2	+5	+6	0	−3	0	+1	−6	−7	−4	0	−15	−19	−23		−28	−34
10	14	+150	+95	+50	+32	+16	+6	0	±IT/2	+6	+10	+15	+2	+6	+8	0	−4	0	+2	−7	−9	−5	0	−18	−23	−28		−33	−40
14	18	+150	+95	+50	+32	+16	+6	0	±IT/2	+6	+10	+15	+2	+6	+8	0	−4	0	+2	−7	−9	−5	0	−18	−23	−28		−33	−45
18	24	+160	+110	+65	+40	+20	+7	0	±IT/2	+8	+12	+20	+2	+6	+10	0	−4	0	+4	−8	−11	−7	0	−22	−28	−35		−41	−54
24	30	+160	+110	+65	+40	+20	+7	0	±IT/2	+8	+12	+20	+2	+6	+10	0	−4	0	+4	−8	−11	−7	0	−22	−28	−35	−41	−48	−64
30	40	+170	+120	+80	+50	+25	+9	0	±IT/2	+10	+14	+24	+3	+7	+12	0	−4	0	+5	−9	−12	−8	0	−26	−34	−43	−48	−60	−80
40	50	+180	+130	+80	+50	+25	+9	0	±IT/2	+10	+14	+24	+3	+7	+12	0	−4	0	+5	−9	−12	−8	0	−26	−34	−43	−54	−70	−97
50	65	+190	+140	+100	+60	+30	+10	0	±IT/2	+13	+18	+28	+4	+9	+14	0	−5	0	+5	−11	−14	−9	0	−32	−41	−53	−66	−87	−122
65	80	+200	+150	+100	+60	+30	+10	0	±IT/2	+13	+18	+28	+4	+9	+14	0	−5	0	+5	−11	−14	−9	0	−32	−43	−59	−75	−102	−146
80	100	+220	+170	+120	+72	+36	+12	0	±IT/2	+16	+22	+34	+4	+10	+16	0	−6	0	+6	−13	−16	−10	0	−37	−51	−71	−91	−124	−178
100	120	+240	+180	+120	+72	+36	+12	0	±IT/2	+16	+22	+34	+4	+10	+16	0	−6	0	+6	−13	−16	−10	0	−37	−54	−79	−104	−144	−210
120	140	+260	+200	+145	+85	+43	+14	0	±IT/2	+18	+26	+41	+4	+12	+20	0	−8	0	+8	−15	−20	−12	0	−43	−63	−92	−122	−170	−248
140	160	+280	+210	+145	+85	+43	+14	0	±IT/2	+18	+26	+41	+4	+12	+20	0	−8	0	+8	−15	−20	−12	0	−43	−65	−100	−134	−190	−280
160	180	+310	+230	+145	+85	+43	+14	0	±IT/2	+18	+26	+41	+4	+12	+20	0	−8	0	+8	−15	−20	−12	0	−43	−68	−108	−146	−210	−310
180	200	+340	+240	+170	+100	+50	+15	0	±IT/2	+22	+30	+47	+5	+13	+22	0	−8	0	+9	−17	−22	−14	0	−50	−77	−122	−166	−236	−350
200	225	+380	+260	+170	+100	+50	+15	0	±IT/2	+22	+30	+47	+5	+13	+22	0	−8	0	+9	−17	−22	−14	0	−50	−80	−130	−180	−258	−385
225	250	+420	+280	+170	+100	+50	+15	0	±IT/2	+22	+30	+47	+5	+13	+22	0	−8	0	+9	−17	−22	−14	0	−50	−84	−140	−196	−284	−425
250	280	+480	+300	+190	+110	+56	+17	0	±IT/2	+25	+36	+55	+5	+16	+25	0	−9	0	+9	−20	−25	−14	0	−56	−94	−158	−218	−315	−475
280	315	+540	+330	+190	+110	+56	+17	0	±IT/2	+25	+36	+55	+5	+16	+25	0	−9	0	+9	−20	−25	−14	0	−56	−98	−170	−240	−350	−525
315	355	+600	+360	+210	+125	+62	+18	0	±IT/2	+29	+39	+60	+7	+17	+28	0	−10	0	+11	−21	−26	−16	0	−62	−108	−190	−268	−390	−590
355	400	+680	+400	+210	+125	+62	+18	0	±IT/2	+29	+39	+60	+7	+17	+28	0	−10	0	+11	−21	−26	−16	0	−62	−114	−208	−294	−435	−660
400	450	+760	+440	+230	+135	+68	+20	0	±IT/2	+33	+43	+66	+8	+18	+29	0	−10	0	+11	−23	−27	−17	0	−68	−126	−232	−330	−490	−740
450	500	+840	+480	+230	+135	+68	+20	0	±IT/2	+33	+43	+66	+8	+18	+29	0	−10	0	+11	−23	−27	−17	0	−68	−132	−252	−360	−540	−820

* 公差域クラス JS 7 ～ JS 11 では基本公差 IT の数値が奇数の場合には, 寸法許容差, すなわち ±IT/2 がマイクロメートル単位の整数となるように, IT の数値をすぐ下の偶数に丸める。

上表の詳細については, JIS B 0401-2 を参照のこと。

付 表

③ 軸に対する基礎となる許容差の数値 （JIS B 0401-2：2016）

付表 3-1

（単位：μm）

図示サイズ(mm) を超え	以下	b	c	d	e	f	g	h	js*	j 5,6	j 7	j 8	k 4,5,6,7	k 3以下および8以上	m	n	p	r	s	t	u	x
—	3	-140	-60	-20	-14	-6	-2	0	サイズ差は ±IT/2 とする	-2	-4	-6	0	0	+2	+4	+6	+10	+14		+18	+20
3	6	-140	-70	-30	-20	-10	-4	0		-2	-4		+1	0	+4	+8	+12	+15	+19		+23	+28
6	10	-150	-80	-40	-25	-13	-5	0		-2	-5		+1	0	+6	+10	+15	+19	+23		+28	+34
10	14	-150	-95	-50	-32	-16	-6	0		-3	-6		+1	0	+7	+12	+18	+23	+28		+33	+40
14	18	-150	-95	-50	-32	-16	-6	0		-3	-6		+1	0	+7	+12	+18	+23	+28		+33	+45
18	24	-160	-110	-65	-40	-20	-7	0		-4	-8		+2	0	+8	+15	+22	+28	+35		+41	+54
24	30	-160	-110	-65	-40	-20	-7	0		-4	-8		+2	0	+8	+15	+22	+28	+35	+41	+48	+64
30	40	-170	-120	-80	-50	-25	-9	0		-5	-10		+2	0	+9	+17	+26	+34	+43	+48	+60	+80
40	50	-180	-130	-80	-50	-25	-9	0		-5	-10		+2	0	+9	+17	+26	+34	+43	+54	+70	+97
50	65	-190	-140	-100	-60	-30	-10	0		-7	-12		+2	0	+11	+20	+32	+41	+53	+66	+87	+122
65	80	-200	-150	-100	-60	-30	-10	0		-7	-12		+2	0	+11	+20	+32	+43	+59	+75	+102	+146
80	100	-220	-170	-120	-72	-36	-12	0		-9	-15		+3	0	+13	+23	+37	+51	+71	+91	+124	+178
100	120	-240	-180	-120	-72	-36	-12	0		-9	-15		+3	0	+13	+23	+37	+54	+79	+104	+144	+210
120	140	-260	-200	-145	-85	-43	-14	0		-11	-18		+3	0	+15	+27	+43	+63	+92	+122	+170	+248
140	160	-280	-210	-145	-85	-43	-14	0		-11	-18		+3	0	+15	+27	+43	+65	+100	+134	+190	+280
160	180	-310	-230	-145	-85	-43	-14	0		-11	-18		+3	0	+15	+27	+43	+68	+108	+146	+210	+310
180	200	-340	-240	-170	-100	-50	-15	0		-13	-21		+4	0	+17	+31	+50	+77	+122	+166	+236	+350
200	225	-380	-260	-170	-100	-50	-15	0		-13	-21		+4	0	+17	+31	+50	+80	+130	+180	+258	+385
225	250	-420	-280	-170	-100	-50	-15	0		-13	-21		+4	0	+17	+31	+50	+84	+140	+196	+284	+425
250	280	-480	-300	-190	-110	-56	-17	0		-16	-26		+4	0	+20	+34	+56	+94	+158	+218	+315	+475
280	315	-540	-330	-190	-110	-56	-17	0		-16	-26		+4	0	+20	+34	+56	+98	+170	+240	+350	+525
315	355	-600	-360	-210	-125	-62	-18	0		-18	-28		+4	0	+21	+37	+62	+108	+190	+268	+390	+590
355	400	-680	-400	-210	-125	-62	-18	0		-18	-28		+4	0	+21	+37	+62	+114	+208	+294	+435	+660
400	450	-760	-440	-230	-135	-68	-20	0		-20	-32		+5	0	+23	+40	+68	+126	+232	+330	+490	+740
450	500	-840	-480	-230	-135	-68	-20	0		-20	-32		+5	0	+23	+40	+68	+132	+252	+360	+540	+820

上の許容差 es：すべての公差等級（b〜h）　下の許容差 ei：すべての公差等級（m〜x）

* 公差域クラス j7〜js11 では、基本公差 IT の数値が奇数の場合には、寸法許容差、すなわち ±IT/2 がマイクロメートル単位の整数となるように、IT の数値をすぐ下の偶数に丸める。
上表の数値の詳細については、JIS B 0401-2 を参照のこと。

4 工作精度標準

付表 4-1　工作精度標準

加工形状	工作法	IT3	IT4	IT5	IT6	IT7	IT8	IT9	IT10	IT11	IT12	IT13	IT14	IT15	IT16
外径加工	L			精					中				粗		
	LA				精			中				粗			
	LT					精		中			粗				
	GE	精													
	P				中		精			中			粗		
穴径加工	L					精			中				粗		
	LA						精		中			粗			
	LT						精		中		粗				
	D								中			粗			
	B			精				中				粗			
	GI		精			中									
	P					中	精		中			粗			
長さ加工	L					精			中				粗		
	LA					精			中			粗			
	LT						精	中			粗				
	M					精		中				粗			
	GSR		精		中										
	P						粗			精		中		粗	
	W											中		粗	
穴位置加工	D				精			中				粗			
	BJ		精			中				粗					
	P								精		中			粗	

注：1）工作法記号は次のとおり．
　　L ：旋盤　　　　　　　GE ：円筒研削盤　　B ：中ぐり盤　　　　P：プレス
　　LA：自動旋盤　　　　 GI ：内面研削盤　　BJ：ジグ中ぐり盤　　M：フライス盤
　　LT：ターレット旋盤　 GSR：平面研削盤　　D ：ボール盤
　2）加工コスト比…粗級：中級：精級＝1：（1.5〜2.5）：（3〜5）
（吉田幸司編：JISによる機械製図法，新訂4版，山海堂，2005より）

付　表

5 一般用メートルねじの基準寸法（理論値）（JIS B 0205-4：2001 より抜粋）

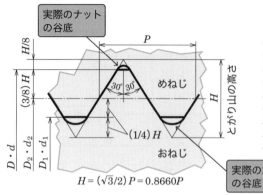

D ：めねじ谷の径の基準寸法（呼び径）
d ：おねじ外形の基準寸法（呼び径）
D_2：めねじ有効径の基準寸法
d_2：おねじ有効径の基準寸法
D_1：めねじ内径の基準寸法
d_1：おねじ谷径の基準寸法
H ：とがり山の高さ
P ：ピッチ
$d = D$, $d_1 = D_1$

$H = (\sqrt{3}/2) P = 0.8660P$

付図 5-1

付表 5-1 D_1 は最小許容寸法

ねじの呼び d	ピッチ P 並目	細目	おねじ外径 d めねじ谷の径 D	有効径 D_2, d_2	おねじ谷の径 d_1 めねじ内径 D_1	参考：ねじ下穴ドリル径
M5	0.8		5	4.480	4.134	4.2
		0.5		4.675	4.459	4.5
M6	1		6	5.350	4.917	5
		0.75		5.513	5.188	5.3
M8	1.25		8	7.188	6.647	6.8
		1		7.350	6.917	7
		0.75		7.513	7.188	7.3
M10	1.5		10	9.026	8.376	8.5
		1.25		9.188	8.647	8.8
		1		9.350	8.917	9
M12	1.75		12	10.863	10.106	10.3
		1.5		11.026	10.376	10.5
		1.25		11.188	10.647	10.8
M16	2		16	14.701	13.835	14
		1.5		15.026	14.376	14.5
M20	2.5		20	18.376	17.294	17.5
		2		18.701	17.835	18
		1.5		19.026	18.376	18.5
M24	3		24	22.051	20.752	21
		2		22.701	21.835	22
M30	3.5		30	27.727	26.211	26.5
		2		28.701	27.835	28
M36	4		36	33.402	31.670	32
		3		34.051	32.752	33

上表は，M5 〜 M36 の優先選択サイズの一部を示す.   （単位：mm）

付
表

6 呼び径六角ボルトの基本寸法（JIS B 1180：2014）

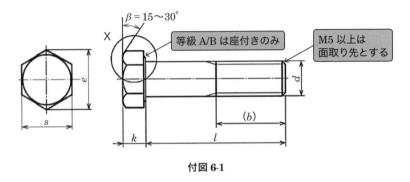

付図 6-1

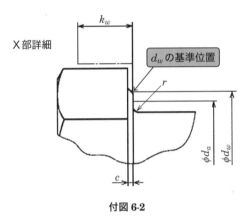

付図 6-2

付図 6-3

付表 6-1

ねじの呼び d		M5	M6	M8	M10	M12	M16	M20
ピッチ	並目（ISO 4014）	0.8	1	1.25	1.5	1.75	2	2.5
	細目（ISO 8765）			1	1	1.5	1.5	1.5
b（ねじ部長さ）		16	18	22	26	30	38	46
c（座の高さ max）		0.5	0.5	0.6	0.6	0.6	0.8	0.8
d_a（丸み移行円の径 max）		5.7	6.8	9.2	11.2	13.7	17.7	22.4
d_w（座面の外径 min）		6.74	8.74	11.47	14.47	16.47	22	27.7
e（対角距離 min）		8.63	10.89	14.2	17.59	19.85	26.17	32.95
k（頭部高さ基準寸法）		3.5	4	5.3	6.4	7.5	10	12.5
k_w（頭部有効高さ min）		2.28	2.63	3.54	4.28	5.05	6.8	8.51
r（首下丸み部の半径 min）		0.2	0.25	0.4	0.4	0.6	0.6	0.8
s（二面幅の基準寸法）		8	10	13	16	18	24	30
l（呼び長さ）	～70；5 mm とび 70～160；10 mm とび 160～；20 mm とび	25～50	30～60	40～80	45～100	50～120	65～160	80～200

注：上表よりも呼び長さが短いものは，次項の全ねじ六角ボルトより選ぶこと．
注：d_w の円座は締付け回転時に六角の角部で座面を傷つけないようにするため．　　　（単位：mm）

7 全ねじ六角ボルトの基本寸法 （JIS B 1180 : 2014）

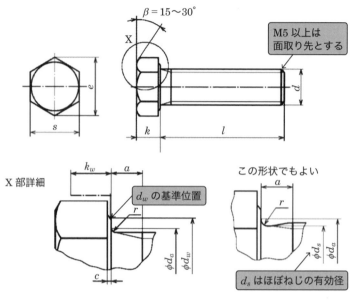

β = 15～30°

X

M5 以上は
面取り先とする

e

s

k

l

d

X 部詳細

k_w

a

d_w の基準位置

r

c

φd_a

φd_w

この形状でもよい

a

r

φd_s

φd_a

d_s はほぼねじの有効径

付図 7-1

付表 7-1

ねじの呼びd		M5	M6	M8	M10	M12	M16	M20
ピッチ	並目（ISO 4017）	0.8	1	1.25	1.5	1.75	2	2.5
	細目（ISO 4018）			1	1	1.5	1.5	1.5
a（全ねじの首下不完全ねじ部長さ）		0.8～2.4	1～3	1.25～4	1.5～4.5	1.75～5.3	2～6	2.5～7.5
c（座の高さ max）		0.5	0.5	0.6	0.6	0.6	0.8	0.8
d_a（丸み移行円の径 max）		5.7	6.8	9.2	11.2	13.7	17.7	22.4
d_w（座面の外径 min）		6.74	8.74	11.47	14.47	16.47	22	27.7
e（対角距離 min）		8.63	10.89	14.2	17.59	19.85	26.17	32.95
k（頭部高さ基準寸法）		3.5	4	5.3	6.4	7.5	10	12.5
k_w（頭部有効高さ min）		2.28	2.63	3.54	4.28	5.05	6.8	8.51
r（首下丸み部の半径 min）		0.2	0.25	0.4	0.4	0.6	0.6	0.8
s（二面幅の基準寸法）		8	10	13	16	18	24	30
l（呼び長さ）	20～70；5 mm とび 70～160；10 mm とび 160～；20 mm とび	10, 12, 16 20～50	12, 16, 20～60	16, 20～80	20～100	25～120	30～150	40～150

（単位：mm）

フランジ付き六角ボルトの基本寸法（JIS B 1189：2014）

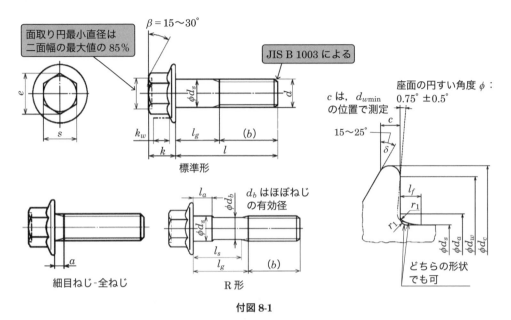

面取り円最小直径は二面幅の最大値の 85 %

$\beta = 15 \sim 30°$

JIS B 1003 による

c は，$d_{w\min}$ の位置で測定

座面の円すい角度 ϕ：
$0.75° \pm 0.5°$

標準形

d_b はほぼねじの有効径

細目ねじ-全ねじ

R 形

どちらの形状でも可

付図 8-1

付表 8-1

ねじの呼び d		M5	M6	M8	M10	M12	M16
ピッチ	並目（ISO 15071）	0.8	1	1.25	1.5	1.75	2
	細目（ISO 15072）			1	1, 1.25	1.25, 1.5	1.5
a（全ねじの首下不完全ねじ部長さ）		0.8～2.4	1～3	1.25～4	1～3	1.5～4.5	1～3	1.75～5.3	1.5～4.5	2～6	1.5～4.5
b（ねじ部長さ）		16	18	22	26	30	38 ($l \le 125$) 44 ($125 < l$)
c（座の高さ max）		1	1.1	1.2	1.5	1.8	2.4
d_a（max r 終り径，標準 F 形）		5.7	6.8	9.2	11.2	13.7	17.7
d_c（フランジ外径 max）		11.4	13.6	17	20.8	24.7	32.8
d_w（座面の外径 min）		9.4	11.6	14.9	18.7	22.5	30.6
e（対角距離 min）		7.59	8.71	10.95	14.26	16.5	23.15
k（頭部高さ基準寸法）		5.6	6.9	8.5	9.7	12.1	15.2
k_w（頭部有効高さ min）		2.3	2.9	3.8	4.3	5.4	6.8
r_1（首下丸み半径 min）		0.2	0.25	0.4	0.4	0.4	0.6	0.6
s（二面幅の基準寸法）		7	8	10	10	13	15	21
l（呼び長さ）	20～70；5 mm とび 70～160；10 mm とび	25～50	30～60	35～80	40～100	45～120	55～160

（単位：mm）

付
表

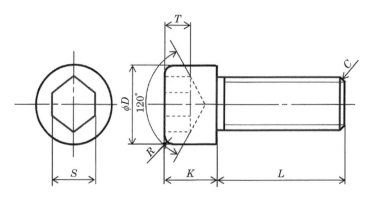

付図 9-1

付表 9-1

呼び	ϕD	K	R	C	S	T	L
M3	5.5	3	0.3	0.3	2.5	1.3	5 〜
M4	7	4	0.4	0.4	3	2	6 〜
M5	8.5	5	0.5	0.5	4	2.5	8 〜
M6	10	6	0.6	0.6	5	3	10 〜
M8	13	8	0.8	0.8	6	4	12 〜
M10	16	10	1	1	8	5	16 〜
M12	18	12	1.2	1.2	10	6	20 〜
M16	24	16	1.6	1.6	14	8	25 〜
M20	30	20	2	2	17	10	30 〜
M24	36	24	2.4	2.4	19	12	40 〜
M30	45	30	3	3	22	15.5	45 〜
M36	54	36	3.6	3.6	27	19	55 〜

（単位：mm）

メートル台形ねじの基本寸法 （JIS B 0216：2013 より抜粋）

メートル台形ねじ（Tr）は，ねじ山の断面が台形となっているねじである．

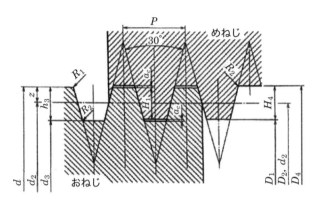

付図 10-1　メートル台形ねじの設計山形

付図 10-2　台形ねじの 3 次元図

付表 10-1　基準寸法

ねじの呼び D, d	ピッチ P	有効径 $d_2 = D_2$	めねじの谷の径 D_4	おねじの谷の径 d_3	めねじの内径 D_1
Tr8	1.5	7.25	8.30	6.20	6.50
Tr10	1.5	9.25	10.30	8.20	8.50
	2	9.00	10.50	7.50	8.00
Tr12	2	11.00	12.50	9.50	10.00
	3	10.50	12.50	8.50	9.00
Tr16	2	15.00	16.50	13.50	14.00
	4	14.00	16.50	11.50	12.00
Tr20	2	19.00	19.00	17.50	18.00
	4	18.00	18.00	15.50	16.00
Tr24	3	22.50	24.50	20.50	21.00
	5	21.50	24.50	18.50	19.00
	8	20.00	25.00	15.00	16.00

注：めねじの内径 D_1 は，基準山形におけるおねじの谷の径 d_1 に等しい．　　　（単位：mm）

11 六角ナット スタイル1（並高さナット）/ スタイル2（高ナット）

（JIS B 1181：2014）

　スタイル1が標準形，スタイル2は廉価仕様で，熱処理せずに強度の確保をするため，m 寸法が異なる.

　並目：スタイル1（ISO 4032），スタイル2（ISO 4033）

　細目：スタイル1（ISO 8673），スタイル2（ISO 8674）

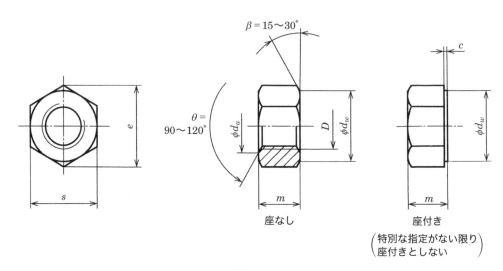

付図 11-1

付表 11-1　六角ナット スタイル1/ スタイル2の基本寸法

ねじの呼びd		M5	M6	M8		M10		M12		M16		M20
ピッチ	並目	0.8	1	1.25		1.5		1.75		2		2.5
	細目				1		1		1.5		1.5	1.5
部品等級		A									B	
c（座の高さ）		0.5				0.6				0.8		
d_a（内側面取り径）		5.00〜5.75	6.00〜6.75	8.00〜8.75		10.00〜10.80		12.00〜13.00		16.00〜17.30		20〜21.6
d_w（座面外径 min）		6.90	8.90	11.60	11.63	14.60	14.63	16.60	16.63	22.50	22.49	27.70
e（対角距離 min）		8.79	11.05	14.38		17.77		20.03		26.75		32.95
m（ナット高さ max）	スタイル1	4.7	5.2	6.8		8.4		10.8		14.8		18
	スタイル2	5.1	5.7	7.5		9.3		12.0		16.4		20.3
s（二面幅 max）		8	10	13		16		18		24		30

（単位：mm）

12 フランジ付き六角ナットの基本寸法 （JIS B 1190 : 2014）

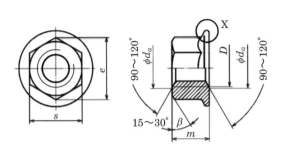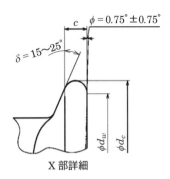

付図 12-1

付表 12-1

ねじの呼び D		M5	M6	M8	M10	M12	M16	M20
ピッチ	並目 (ISO 4162)	0.8	1	1.25	1.5	1.75	2	2.5	
	細目 (ISO 10663)			1	1, 1.25	1.25, 1.5	1.5	1.5
部品等級		A						B
c （フランジ厚さ）		1	1.1	1.2	1.5	1.8	2.4	3
d_a （内側面取り径）		5〜5.75	6〜6.75	8〜8.75	10〜10.8	12〜13	16〜17.3	20〜21.6
d_c （フランジの径 max）		11.8	14.2	17.9	21.8	26	34.5	42.8
d_w （座面外径 min）		9.8	12.2	15.8	19.6	23.8	31.9	39.9
e （対角距離 min）		8.79	11.05	14.38	16.64	20.03	26.75	32.95
m （ナット高さ max）		5	6	8	10	12	16	20
s （二面幅 max）		8	10	13	15	18	24	30

（単位：mm）

13 ボルト穴径およびざぐり径の基本寸法 (JIS B 1001：1985)

一般的には2級とし，面取りは必要に応じて行う．

座ぐり径 D' は，標準のボルトや並形の平座金を用いる場合に適用する．

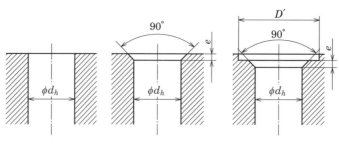

付図 13-1

付表 13-1

ねじの呼び径	ボルト穴径 d_h				面取り e	ざぐり径 D'
	1級	2級	3級	4級 (鋳抜き穴に適用)		
5	5.3	5.5	5.8	6.5	0.4	13
6	6.4	6.6	7	7.8	0.4	15
7	7.4	7.6	8	−	0.6	18
8	8.4	9	10	10	0.6	20
10	10.5	11	12	13	1.1	24
12	13	13.5	14.5	15	1.1	28
14	15	15.5	16.5	17	1.1	32
16	17	17.5	18.5	20	1.1	35
18	19	20	21	22	1.1	39
20	21	22	24	25	1.2	43
22	23	24	26	27	1.2	46
24	25	26	28	29	1.2	50
27	28	30	32	33	1.7	55
30	31	33	35	36	1.7	62

(単位：mm)

14 くだよう 管用ねじの基本寸法 （JIS B 0202 および 0203：1999）

① 管用テーパおねじ R は，テーパめねじ Rc またはテーパ平行めねじ Rp との組合せで使う．

② 管用平行ねじ G と管用テーパねじ R, Rc, Rp を組み合わせて使ってはならない．

テーパおねじ R

テーパめねじ Rc

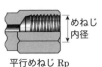

平行めねじ Rp

付図 14-1　管用ねじの種類（参考図）

$$P = \frac{25.4}{n}$$
$$H = 0.960491\,P$$
$$h = 0.640327\,P$$
$$r = 0.137329\,P$$

付図 14-2　管用平行ねじの基準山形

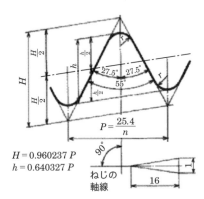

$$P = \frac{25.4}{n}$$
$$H = 0.960237\,P$$
$$h = 0.640327\,P$$

付図 14-3　管用テーパねじの基準山形

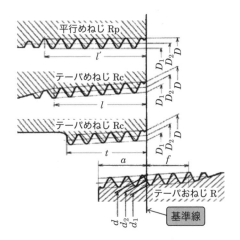

付図 14-4　管用テーパおねじと各めねじとの取合い

付表 14-1

管用平行ねじ（JIS B 0202）												
管用テーパねじ（JIS B 0203）												
呼び D または d				1インチねじ山数 n	ねじ山高さ h	おねじ基準径			基準径位置	有効ねじ部最小長さ		
	管用テーパねじ					外径 d	有効径 d_2	谷の径 d_1	おねじ	おねじ f	めねじ	
管用平行ねじ G	おねじ R	めねじ Rc	平行めねじ Rp			めねじ基準径			管端からの長さ a		不完全ねじ部ありの場合	不完全ねじ部なしの場合
						谷の径 D	有効径 D_2	外径 D_1			l	l'	t
G 1/16	R 1/16	Rc 1/16	Rp 1/16	28	0.581	7.723	7.142	6.561	3.97	2.5	6.2	7.4	4.4
G 1/8	R 1/8	Rc 1/8	Rp 1/8	28	0.581	9.728	9.147	8.566	3.97	2.5	6.2	7.4	4.4
G 1/4	R 1/4	Rc 1/4	Rp 1/4	19	0.856	13.157	12.301	11.445	6.01	3.7	9.4	11.0	6.7
G 3/8	R 3/8	Rc 3/8	Rp 3/8	19	0.856	16.662	15.806	14.950	6.35	3.7	9.4	11.0	6.7
G 1/2	R 1/2	Rc 1/2	Rp 1/2	14	1.162	20.955	19.793	18.631	8.16	5.0	12.7	15.0	9.1
G 5/8				14	1.162	22.911	19.793	18.631					
G 3/4	R 3/4	Rc 3/4	Rp 3/4	14	1.162	26.441	25.279	24.117	9.53	5.0	14.1	16.3	10.2
G 7/8	R 7/8	Rc 7/8	Rp 7/8	14	1.162	30.201	29.039	27.877					
G 1	R 1	Rc 1	Rp 1	11	1.479	33.249	31.770	30.291	10.39	6.4	16.2	19.1	11.6

（単位：mm）

15 平座金の基本寸法 (JIS B 1256：2008)

　座金の目的は，被締結物の表面粗さによらず，ボルトの締付けトルクを一定にすること，被締結物が軟らかい場合に傷やへこみを防止することである．

　ここでは最も一般的に使われる等級 A のみを示す．

　標準材質は鋼とし，表面処理は生地のままを基本とするが，処理をする場合は当事者間の取決めによる．

　ステンレス材仕様および各部公差については JIS B 1022 を参照のこと．

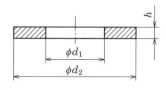

付図 15-1

付表 15-1

タイプ	小形			並形			大形			表裏面粗さ
平座金呼び径（ねじ呼び径 d）	内径 d_1	外径 d_2	厚さ h	内径 d_1	外径 d_2	厚さ h	内径 d_1	外径 d_2	厚さ h	
5	5.3	9	1	5.3	10	1	5.3	15	1	Ra 1.6
6	6.4	11	1.6	6.4	12	1.6	6.4	18	1.6	
7	7.4	12	1.6	7.4	14	1.6	7.4	22	2	
8	8.4	15	1.6	8.4	16	1.6	8.4	24	2	
10	10.5	18	1.6	10.5	20	2	10.5	30	2.5	
12	13	20	2	13	24	2.5	13	37	3	
14	15	24	2.5	15	28	2.5	15	44	3	
16	17	28	2.5	17	30	3	17	50	3	
18	19	30	3	19	34	3	19	56	4	Ra 3.2
20	21	34	3	21	37	3	21	60	4	
22	23	37	3	23	39	3	23	66	5	
24	25	39	4	25	44	4	25	72	5	
27	28	44	4	28	50	4	30	85	6	
30	31	50	4	31	56	4	33	92	6	

（単位：mm）

付
表

16 ばね座金の基本寸法 （JIS B 1251：2018）

　ばね座金の目的は，ばねの反発力によるゆるみ止めで，主に小ねじに使われる．軽負荷用の2号（適用強度ボルト4.8相当，ナット5相当）と，重負荷用の3号（適用強度ボルト8.8相当，ナット8相当）がある．

　被締付け面が鋳物や軟鋼などの軟質材の場合は，平座金と組み合わせて使うことを推奨する．

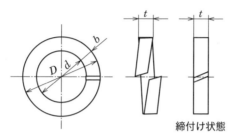

締付け状態

付図 16-1

付表 16-1

用途記号		一般用（ボルト強度4.8相当） 2号				重負荷用（ボルト強度8.8相当） 3号			
呼び	内径 d	幅 b	厚さ t	外径 D （最大）	自由高さ H_0	幅 b	厚さ t	外径 D （最大）	自由高さ H_0
5	5.1	1.7	1.3	9.2	2.6				
6	6.1	2.7	1.5	12.2	3.0	2.7	1.9	12.2	3.8
8	8.2	3.2	2.0	15.4	4.0	3.3	2.5	15.6	5.0
10	10.2	3.7	2.5	18.4	5.0	3.9	3.0	18.8	6.0
12	12.2	4.2	3.0	21.5	6.0	4.4	3.6	21.9	7.2
16	16.2	5.2	4.0	28.0	8.0	5.3	4.8	28.2	9.6
20	20.2	6.1	5.1	33.8	10.2	6.4	6.0	34.4	12.0
24	24.5	7.1	5.9	40.3	11.8	7.6	7.2	41.3	14.4
30	30.5	8.7	7.5	49.9	15.0				

（単位：mm）

付

表

229

17 すりわり付き小ねじ基本寸法 (JIS B 1101：2017)

製品の呼び方：| 種類 |—| JIS No. |—| ISO No. |—| 呼び径×呼び長さ |—| ねじ強度 |

例：M5 呼び長さ 20 mm，強度 4.8 のすりわり付きチーズ小ねじの場合

⇒『すりわり付きチーズ小ねじ-JIS B 1101-ISO 1207-M5×20-4.8』

円筒部の径は，ほぼねじの有効径またはねじの外径とする

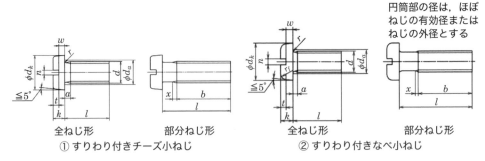

全ねじ形   部分ねじ形
① すりわり付きチーズ小ねじ

全ねじ形   部分ねじ形
② すりわり付きなべ小ねじ

付図 17-1

付表 17-1

分類 / ISO 規格		① すりわり付きチーズ小ねじ ISO 1207					② すりわり付きなべ小ねじ ISO 1580				
ねじ呼び径 d		M4	M5	M6	M8	M10	M4	M5	M6	M8	M10
ピッチ P		0.7	0.8	1	1.25	1.5	0.7	0.8	1	1.25	1.5
不完全ねじ部長さ a（最大）		1.4	1.6	2.0	2.5	3.0	1.4	1.6	2.0	2.5	3.0
ねじ部長さ b（最小）		38	38	38	38	38	38	38	38	38	38
丸み移行円の径 d_a		4.7	5.7	6.8	9.2	11.2	4.7	5.7	6.8	9.2	11.2
頭部の径 d_k（最大）		7.0	8.5	10.0	13.0	16.0	8	9.5	12	16	20
丸み部高さ f（呼び）											
頭部の高さ k（最大）		2.6	3.3	3.9	5.0	6.0	2.4	3	3.6	4.8	6
すりわりの幅 n（呼び）		1.2	1.2	1.6	2.0	2.5	1.2	1.2	1.6	2.0	2.5
首下丸み部の半径 r（最小）		0.20	0.20	0.25	0.40	0.40	0.20	0.20	0.25	0.40	0.40
頭部丸み部半径 r_f（参考）							1.20	1.5	1.8	2.4	3
すりわり深さ t（最小）		1.1	1.3	1.6	2.0	2.4	1.00	1.20	1.40	1.90	2.40
溝と座面の距離 w（最小）		1.1	1.3	1.6	2.0	2.4	1.00	1.20	1.40	1.90	2.40
不完全ねじ部長さ x（最大）		1.75	2.00	2.50	3.20	3.80	1.75	2.00	2.50	3.20	3.80
呼び長さ l	5	●					●				
	6	●	●				●	●			
	8	●	●	●			●	●	●		
	10	●	●	●	●		●	●	●	●	
	12	●	●	●	●	●	●	●	●	●	●
	16	●	●	●	●	●	●	●	●	●	●
	20	●	●	●	●	●	●	●	●	●	●
	25	●	●	●	●	●	●	●	●	●	●
	30	●	●	●	●	●	●	●	●	●	●
	35	●	●	●	●	●	●	●	●	●	●
	40	●	●	●	●	●	●	●	●	●	●
	45		○	○	○	○		○	○	○	○
	50			○	○	○			○	○	○
	60			○	○	○			○	○	○
	70				○	○				○	○
	80				○	○				○	○

●は全ねじ，○は部分ねじ形を示す。

（単位：mm）

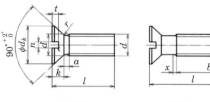
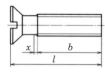
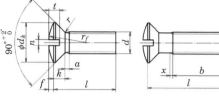

全ねじ形	部分ねじ形		全ねじ形	部分ねじ形

③ すりわり付き皿小ねじ　　　　④ すりわり付き丸皿小ねじ

付図 17-2

付表 17-2

分類 /ISO 規格	③ すりわり付き皿小ねじ ISO 2009					④ すりわり付き丸皿小ねじ ISO 2010				
ねじ呼び径 d	M4	M5	M6	M8	M10	M4	M5	M6	M8	M10
ピッチ P	0.7	0.8	1	1.25	1.5	0.7	0.8	1	1.25	1.5
不完全ねじ部長さ a （最大）	1.4	1.6	2.0	2.5	3.0	1.4	1.6	2.0	2.5	3.0
ねじ部長さ b （最小）	38	38	38	38	38	38	38	38	38	38
丸み移行円の径 d_a										
頭部の径 d_k （最大）	9.4	10.4	12.6	17.3	20.0	9.4	10.4	12.6	17.3	20.0
丸み部高さ f （呼び）						1.0	1.2	1.4	2.0	2.3
頭部の高さ k （最大）	2.7	2.7	3.3	4.65	5	2.7	2.7	3.3	4.65	5
すりわりの幅 n （呼び）	1.2	1.2	1.6	2.0	2.5	1.2	1.2	1.6	2.0	2.5
首下丸み部の半径 r （最大）	1	1.30	1.50	2.00	2.50	1	1.30	1.50	2.00	2.50
頭部丸み部半径 r_f （参考）						9.5	9.5	12	16.5	19.5
すりわり深さ t （最小）	1.30	1.40	1.60	2.00	2.50	1.60	2.00	2.40	3.20	3.80
溝と座面の距離 w （最小）										
不完全ねじ部長さ x （最大）	1.75	2.00	2.50	3.20	3.80	1.75	2.00	2.50	3.20	3.80

呼び長さ l		③					④				
	5										
	6	●					●				
	8	●	●	●			●	●	●		
	10	●	●	●	●		●	●	●	●	
	12	●	●	●	●	●	●	●	●	●	●
	16	●	●	●	●	●	●	●	●	●	●
	20	●	●	●	●	●	●	●	●	●	●
	25	●	●	●	●	●	●	●	●	●	●
	30	●	●	●	●	●	●	●	●	●	●
	35	●	●	●	●	●	●	●	●	●	●
	40	●	●	●	●	●	●	●	●	●	●
	45		●	●	●	●		●	●	●	●
	50		○	○	○	○		○	○	○	○
	60			○	○	○			○	○	○
	70				○	○				○	○
	80				○	○				○	○

（全ねじ）

●は全ねじ，○は部分ねじ形を示す.　　　　　　　　　　　（単位：mm）

十字付き小ねじの基本寸法 （JIS B 1111：2017）

製品の呼び方：

| 分類
名称 | JIS No. | ISO No. | ねじ呼び径
×長さ | 強度
区分 | 十字穴
形状記号 |

例：M5 呼び長さ $l = 20$ mm，強度区分 4.8，十字穴が Z 形の十字穴付きなべ小ねじの場合

⇒『十字穴付きなべ小ねじ-JIS B 1111-ISO 7045-M5×20-4.8-Z』

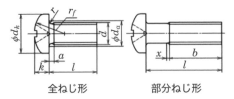

全ねじ形　　　　　部分ねじ形

① 十字穴付きなべ小ねじ

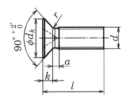

② 十字穴付き皿小ねじ-タイプ 1

付図 18-1

付表 18-1

分　類		① 十字穴付きなべ小ねじ ISO 7045					② 十字穴付き皿小ねじ-タイプ 1 ISO 7046-1				
呼び径 d		M4	M5	M6	M8	M10	M4	M5	M6	M8	M10
ピッチ P		0.7	0.8	1	1.25	1.5	0.7	0.8	1	1.25	1.5
首下不完全ねじ部長さ a （最大）		1.4	1.6	2	2.5	3	1.4	1.6	2	2.5	3
ねじ部長さ b （最小）		38	38	38	38	38	38	38	38	38	38
丸み移行円の径 d_a		4.7	5.7	6.8	9.2	11.2					
頭部の径 d_k （最大）		8	9.5	12	16	20	9.4	10.4	12.6	17.3	20
丸皿頭の丸み部高さ f											
頭部高さ k （最大）		3.1	3.7	4.6	6	7.5	2.7	2.7	3.3	4.65	5
首下丸み部半径 r （最小）		0.2	0.2	0.25	0.4	0.4	1	1.3	1.5	2	2.5
頭部丸み部半径 r_f （最小）		6.5	8	10	13	16					
溝と座面の距離 w （最小）											
不完全ねじ部長さ x （最大）		1.75	2	2.5	3.2	3.8	1.75	2	2.5	3.2	3.8
十字翼長さ m	H 形	4.4	4.9	6.9	9	10.1	4.6	5.2	6.8	8.9	10
	Z 形	4.3	4.7	6.7	8.8	9.9	4.4	4.9	6.6	8.8	9.8
十字穴 No.		2		3		4		2	3		4
呼び長さ l	5	●					●				
	6	●	●				●	●			
	8	●	●	●			●	●	●		
	10	●	●	●	●		●	●	●	●	
	12	●	●	●	●	●	●	●	●	●	●
	16	●	●	●	●	●	●	●	●	●	●
	20	●	●	●	●	●	●	●	●	●	●
	25	●	●	●	●	●	●	●	●	●	●
	30	●	●	●	●	●	●	●	●	●	●
	35	●	●	●	●	●	●	●	●	●	●
	40	●	●	●	●	●	●	●	●	●	●
	45		○	○	○	○	●	●	●	●	●
	50			○	○	○		○	○	○	○
	60			○	○	○			○	○	○
	70										
	80										

（注：「全ねじ」は呼び長さ 5～40 の列に記載）

●は全ねじ，○は部分ねじ形を示す．　　　　　　　（単位：mm）

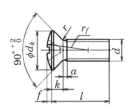

③ 十字穴付き丸皿小ねじ

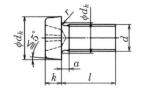

④ 十字穴付きチーズ小ねじ

十字穴-H 形　　十字穴-Z 形

付図 18-2

付表 18-2

分　類		③ 十字穴付き丸皿小ねじ ISO 7047					④ 十字穴付きチーズ 小ねじ ISO 7048			
呼び径 d		M4	M5	M6	M8	M10	M4	M5	M6	M8
ピッチ P		0.7	0.8	1	1.25	1.5	0.7	0.8	1	1.25
首下不完全ねじ部長さ a（最大）		1.4	1.6	2	2.5	3	1.4	1.6	2	2.5
ねじ部長さ b（最小）		38	38	38	38	38	38	38	38	38
丸み移行円の径 d_a							4.7	5.7	6.8	9.2
頭部の径 d_k（最大）		9.4	10.4	12.6	17.3	20	7	8.5	10	13
丸皿頭の丸み部高さ f		1	1.2	1.4	2	2.3				
頭部高さ k（最大）		2.7	2.7	3.3	4.65	5	2.6	3.3	3.9	5
首下丸み部半径 r（最小）		1	1.3	1.5	2	2.5	0.2	0.2	0.25	0.4
頭部丸み部半径 r_f（最小）		9.5	9.5	12	16.5	19.5				
溝と座面の距離 w（最小）										
不完全ねじ部長さ x（最大）		1.75	2	2.5	3.2	3.8	1.75	2	2.5	3.2
十字翼長さ m	H 形	5.2	5.4	7.3	9.6	10.4	4.1	4.8	6.2	7.7
	Z 形	5	5.3	7.1	9.5	10.3	4	4.6	6.1	7.5
十字穴 No.		2	2	3	4	4	2	2	3	3
呼び長さ l	5（全ねじ）	●					●			
	6	●	●				●	●		
	8	●	●	●			●	●	●	
	10	●	●	●	●		●	●	●	●
	12	●	●	●	●	●	●	●	●	●
	16	●	●	●	●	●	●	●	●	●
	20	●	●	●	●	●	●	●	●	●
	25	●	●	●	●	●	●	●	●	●
	30	●	●	●	●	●	●	●	●	●
	35	●	●	●	●	●	●	●	●	●
	40	●	●	●	●	●	●	●	●	●
	45		●	●	●	●		○	○	○
	50		○	○	○	○		○	○	○
	60			○	○	○			○	○
	70									○
	80									○

●は全ねじ，○は部分ねじ形を示す。　　　　　　　　　　（単位：mm）

b_1, t_1 の公差は付表 20-1（次ページ）を参照のこと.

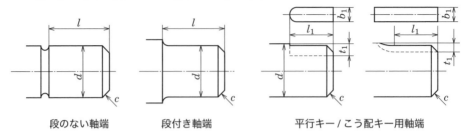

段のない軸端　　　　　段付き軸端　　　　　平行キー / こう配キー用軸端

付図 **19-1**

付表 **19-1**

軸端直径 d	軸端長さ l		端部面取り c	キー溝				キーの呼び寸法
	短軸端	長軸端		b_1	t_1	l_1		$b \times h$
						短軸端	長軸端	
6	—	16	0.5	—	—	—	—	—
7	—	16	0.5	—	—	—	—	—
8	—	20	0.5	—	—	—	—	—
9	—	20	0.5	—	—	—	—	—
10	20	23	0.5	3	1.8	—	20	3×3
11	20	23	0.5	4	2.5	—	20	4×4
12	25	30	0.5	4	2.5	—	20	4×4
14	25	30	0.5	5	3.0	—	25	5×5
16	28	40	0.5	5	3.0	25	36	5×5
18	28	40	0.5	6	3.5	25	36	6×6
19	28	40	0.5	6	3.5	25	36	6×6
20	36	50	0.5	6	3.5	32	45	6×6
22	36	50	0.5	6	3.5	32	45	6×6
24	36	50	0.5	8	4.0	32	45	8×7
25	42	60	0.5	8	4.0	36	50	8×7
28	42	60	1	8	4.0	36	50	8×7
30	58	80	1	8	4.0	50	70	8×7
32	58	80	1	10	5.0	50	70	10×8
35	58	80	1	10	5.0	50	70	10×8
38	58	80	1	10	5.0	50	70	10×8
40	82	110	1	12	5.0	70	90	12×8
42	82	110	1	12	5.0	70	90	12×8
45	82	110	1	14	5.5	70	90	14×9
48	82	110	1	14	5.5	70	90	14×9
50	82	110	1	14	5.5	70	90	14×9
55	82	110	1	16	6.0	70	90	16×10
56	82	110	1	16	6.0	70	90	16×10
60	105	140	1	18	7.0	90	110	18×11

（単位：mm）

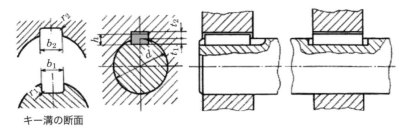

20 平行キー用のキー溝の基本寸法 （JIS B 1301：1996）

キー溝の断面

付図 20-1

付表 20-1

適用キー	(参考) 適応 軸径 d [*1]	b_1/b_2 基準 寸法	滑動形 軸とハブが相対的に 軸方向に滑動可能		普通形 軸固定のキーにハブ をはめ込む結合 [*2]		締込み形 軸固定キー にハブを締め 込む結合 [*2], または組み 付けた軸と ハブの間に キーを打ち 込む結合	r_1 および r_2	t_1 の 基準 寸法	t_2 の 基準 寸法	t_1 および t_2 の 許容差
呼び寸法 $b \times h$			b_1 許容 差 H9	b_2 許容 差 D10	b_1 許容 差 N9	b_2 許容 差 JS9	b_1/b_2 許容差 P9				
2×2	6〜8	2	+ 0.025 0	+ 0.060 + 0.020	− 0.004 − 0.029	± 0.0125	− 0.006 − 0.031	0.08 〜 0.16	1.2	1.0	+ 0.10 0
3×3	8〜10	3							1.8	1.4	
4×4	10〜12	4	+ 0.030 0	+ 0.078 + 0.030	0 − 0.030	± 0.015	− 0.012 − 0.042		2.5	1.8	
5×5	12〜17	5						0.16 〜 0.25	3.0	2.3	
6×6	17〜22	6							3.5	2.8	
8×7	22〜30	8	+ 0.036 0	+ 0.098 + 0.040	0 − 0.036	± 0.018	− 0.015 − 0.051		4.0	3.3	
10×8	30〜38	10							5.0	3.3	
12×8	38〜44	12	+ 0.043 0	+ 0.120 + 0.050	0 − 0.043	± 0.0125	− 0.018 − 0.061	0.25 〜 0.40	5.0	3.3	
14×9	44〜50	14							5.5	3.8	
16×10	50〜58	16							6.0	5.3	+ 0.20 0
18×11	58〜65	18							7.0	4.3	
20×12	65〜75	20	+ 0.052 0	+ 0.149 + 0.065	0 − 0.052	± 0.026	− 0.022 − 0.074	0.40 〜 0.60	7.5	4.9	
22×14	75〜85	22							9.0	5.4	
25×14	85〜95	25							9.0	5.4	
28×16	95〜 110	28							10.0	6.4	

[*1] これより細い軸径に使用不可.
[*2] 選択はめあいが必要である.
表面性状の目安：JIS に規定はないが，側面 Ra 3.2，上下 Ra 6.3 程度を推奨する. （単位：mm）

21 平行キーの形状および寸法 （JIS B 1301 : 1996）

① キーの引張強度は 600 MPa 以上でなければならない.

② l は, 6, 8, 10, 12, 14, 16, 18, 20, 22, 25, 28, など（寸法許容差は h12）

③ 表面性状：側面 Ra 1.6, 上下面 Ra 6.3, その他 Ra 25

製品の呼び方： JIS B 1117 ─ 種類または記号 ─ 呼びサイズ $b×h×l$

例：『JIS B 1301 ねじ用穴なしキー 両丸形 25×14×90』

または『JIS B 1301 P-A 25×14×90』

種類と形状の記号

ねじ穴有無	記号
なし	P
付き	PS

端部形状	記号
両丸形	A
両角形	B
片丸形	C

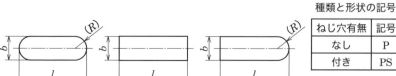

両丸形（記号 A） 　 両角形（記号 B） 　 片丸形（記号 C）

付図 21-1　平行キー端部形状と記号

付表 21-1

キーの呼び寸法 $b×h$	(参考) 適応軸径 d^*	b 基準寸法	b 許容差 h9	h 基準寸法	h 許容差		c （または r）	l 許容差 h12
2×2	6〜8	2	0 −0.025	2	0 −0.025		0.16〜0.25	6〜20
3×3	8〜10	3		3				6〜36
4×4	10〜12	4	0 −0.03	4	0 −0.030	h9	0.25〜0.40	8〜45
5×5	12〜17	5		5				10〜56
6×6	17〜22	6		6				14〜70
8×7	22〜30	8	0 −0.036	7	0 −0.090		0.40〜0.60	18〜90
10×8	30〜38	10		8				22〜110
12×8	38〜44	12	0 −0.043	8				28〜140
14×9	44〜50	14		9		h11		36〜160
16×10	50〜58	16		10				45〜180
18×11	58〜65	18		11				50〜200
20×12	65〜75	20	0 −0.052	12	0 −0.110		0.60〜0.80	56〜220
22×14	75〜85	22		14				63〜250

* これより細い軸径に使用不可.
上表より大きいサイズは JIS 規格を参照のこと.

（単位：mm）

付
表

22 オイルシールの寸法および公差 (JIS B 2402-1：2013)

① 軸の表面粗さ：$0.1 \sim 0.32\,\mu\text{m}$ Ra および $0.8 \sim 2.5\,\mu\text{m}$ Rz

　リード目があってはならない（送りをかけないプランジ研削）.

② 軸の表面硬さ：30 HRC 以上

③ ハウジングの表面粗さ：$1.6 \sim 3.2\,\mu\text{m}$ Ra

　外径金属タイプの場合，$0.4\,\mu\text{m}$ Ra 程度が好ましい.

タイプ1	タイプ2	タイプ3	タイプ4	タイプ5	タイプ6
ばね入り 外周ゴム	ばね入り 外周金属	ばね入り組 立て外周金属	ばね入り 外周ゴム 保護リップ付き	ばね入り 外周金属 保護リップ	ばね入り組立形 外周金属 リップ付き

(a) 構造区分

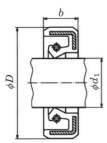 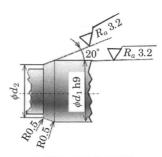 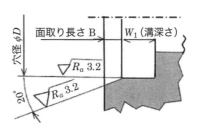

オイルシールおよび軸　　軸端側の面取り指示例　　ハウジング側の穴および面取り指示例

b ：シール幅の呼び寸法
d_1：オイルシールに対応する軸径の呼び寸法
d_2：面取り軸の軸端の直径
D ：ハウジング穴径およびシール外径の呼び寸法
R ：面取り角部の丸み
K ：突き当て面の内径（$D = \phi 50$ 以下では $K = D - 4$）

軸径	標準オイルシール の d_2 寸法	ハウジング側の形状		
		オイルシール の幅 b	B	W_1
～10	軸径-1.5	～6	1.0	
～20	軸径-2.0	～10	1.5	
～30	軸径-2.5	～14	2.0	$b + 0.5$
～40	軸径-3.0	～18	2.5	
～50	軸径-3.5			

(b) オイルシールおよび軸の寸法記号

付図 22-1

付表 22-1

軸径 d_1 呼び径	許容差	軸端面取り d_2 最大	シール外径 D 呼び	外周ゴム*1 1種	外周ゴム*1 2種	外周金属*2 1種	外周金属*2 2種	シール幅 b 呼び	許容差	ハウジング穴寸法 D 穴内径公差	深さ	面取り長さ	穴の隅 R (最大)
6			16										
7			22										
8		$d_1-1.5$	24										
9			22	+0.30 +0.10		+0.09 +0.04							
10			25										
12			24										
			25										
			30										
15			26		+0.30 +0.15		+0.20 +0.08						
		$d_1-2.0$	30										
			35	+0.35 +0.10		+0.11 +0.05							
16			30	+0.30 +0.10		+0.09 +0.04							
18			30										
			35					7			8.2		
20			35										
			40										
22			35										
	h11		40			+0.11 +0.05			± 0.3	H8		0.7 ～ 1.0	0.5
			47										
25			40										
			47										
			52		+0.35 +0.20	+0.14 +0.06	+0.23 +0.09						
28		$d_1-2.5$	40	+0.35 +0.10	+0.30 +0.15	+0.11 +0.05	+0.20 +0.08						
			47		+0.35 +0.20	+0.14 +0.06	+0.23 +0.09						
			52										
30			42		+0.30 +0.15	+0.11 +0.05	+0.20 +0.08						
			47										
			52		+0.35 +0.20	+0.14 +0.06	+0.23 +0.09						
32			45		+0.30 +0.15	+0.11 +0.05	+0.20 +0.08						
			47					8			9.2		
		$d_1-3.0$	52		+0.35 +0.20	+0.14 +0.06	+0.23 +0.09						
35			50										
			52		+0.35 +0.20	+0.14 +0.06	+0.23 +0.09						
			55										

*1 1種はゴムが厚い場合の許容差. 1種, 2種のどちらかを適用するかは当事者間の協定による.
*2 1種は研削加工を施した場合の許容差. 1種, 2種のどちらを適用するかは当事者間の協定による.
軸径 $\phi38$ 以上は JIS を参照のこと.

（単位：mm）

付表

平行ピンの基本寸法 (JIS B 1354 : 2012)

ピンの目的は部品の位置合わせである.

① 公差域：JIS 規格では，m6 または h8 としている.

② 圧入側の穴公差（PIN が m6 時の参考）：中間ばめとなる H7, JS7 公差が一般的.

③ 位置合わせ側の穴の公差（PIN が m6 時の参考）：隙間ばめとなる E7, F7 公差が一般的.

④ 材料：

材　料	鋼（St）	S45C ～ S50C（St）焼入れ焼き戻し（Q）	オーステナイト系ステンレス（A1）
硬度	125 ～ 245 HV30	255 ～ 327 HV30	210 ～ 280 HV30

呼び方：例）呼び径 6 mm，公差域クラス m6，呼び長さ 30 mm の鋼製平行ピンの場合
⇒『 平行ピン JIS B 1354-ISO2338-6 m6 × 30-St 』

同じく焼入焼戻しを施した S45C の平行ピンの場合（ISO には規定がない）
⇒『 平行ピン JIS B 1354-6 m6 × 30-St-S45C-Q 』

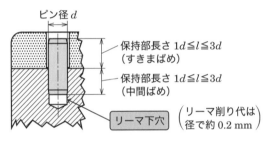

付図 23-1　平行ピン取付け状態（参考図）

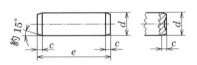

注：端面の形状は当事者間の協定による.

付図 23-2　平行ピンの形状と寸法記号

付表 23-1

d 公差域 $m6$（または $h8$）	2	2.5	3	4	5	6	8	10	12	16	20	25	30
c	0.35	0.4	0.5	0.63	0.8	1.2	1.6	2.0	2.5	3.0	3.5	4.0	5.0
呼び長さ l 　呼び	公差												
6	± 0.25	○	○										
8	± 0.25	○	○	○	○								
10	± 0.25	○	○	○	○	○							
12	± 0.5	○	○	○	○	○	○						
14	± 0.5	○	○	○	○	○	○	○					
16	± 0.5	○	○	○	○	○	○	○					
18	± 0.5	○	○	○	○	○	○	○	○				
20	± 0.5	○	○	○	○	○	○	○	○				
22	± 0.5		○	○	○	○	○	○	○	○			
24	± 0.5		○	○	○	○	○	○	○	○			
26	± 0.5			○	○	○	○	○	○	○	○		
28	± 0.5			○	○	○	○	○	○	○	○		
30	± 0.5				○	○	○	○	○	○	○		
32	± 0.5					○	○	○	○	○	○		
35	± 0.5					○	○	○	○	○	○	○	
40	± 0.5					○	○	○	○	○	○	○	
45	± 0.5						○	○	○	○	○	○	
50	± 0.5						○	○	○	○	○	○	○
55	± 0.75						○	○	○	○	○	○	○
60	± 0.75						○	○	○	○	○	○	○	○

○：推奨範囲を示す.　　　　　　　　　　　　　　　　　　　（単位：mm）

24 NOK製オイルシールの寸法と型式

JISよりもサイズが多く実用的なため，ここに軸径寸法 10 〜 26 mm を例として示す．

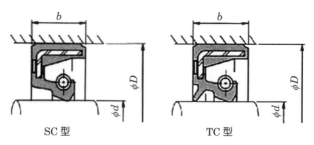

SC型　　　　　　　TC型

付図 24-1

付表 24-1　NOK社 NBR ゴム製 SC型／TC型オイルシール寸法および型式（抜粋）

軸径 d	外径 D	幅 b	SC型	TC型	軸径 d	外径 D	幅 b	SC型	TC型
10	20	7	AC 0260 H0	AE 0260 J0	**15**	**30**	**7**	**AC 0598 A0**	AE 0598 A0
10	21	8	AC 0267 E0	—	15	32	7	AC 0603 E0	—
10	22	8	AC 0271 E0	—	15	32	9	AC 0604 E0	AE 0604 E0
10	**25**	**7**	**AC 0279 A0**	AE 0279 A6	15	34	10	AC 0606 E0	—
10	26	8	AC 0283 E0	—	15	35	7	AC 0610 F3	AE 0610 F0
10	28	8	AC 0285 E0	AE 0285 E0	15	35	8	AC 0611 E0	AE 0611 E1
10	30	7	AC 0288 E0	—	15	37	7	AC 0616 E0	—
11	22	7	AC 0308 E1	—	16	26	7	AC 0678 E0	AE 0678 F1
11	25	7	AC 0311 E0	AE 0311 E0	16	28	6	AC 0684 E1	—
11	30	7	AC 0314 E0	—	16	28	7	AC 0685 F0	AE 0685 G0
12	22	7	AC 0371 E0	AE 0371 E0	**16**	**30**	**7**	**AC 0687 A0**	AE 0687 A0
12	**25**	**7**	**AC 0382 A0**	AE 0382 A0	16	32	8	AC 0691 E0	—
12	28	7	AC 0387 E0	AE 0387 E0	16	35	9	—	AE 0698 E0
12	30	9	AC 0393 E0	AE 0393 E0	17	28	7	—	—
12	32	6	—	—	17	30	6	AC 0742 E0	—
13	25	7	AC 0473 F0	AE 0473 F0	17	30	7	AC 0743 E0	AE 0743 E0
13	28	7	AC 0478 A0	AE 0478 A0	17	30	8	AC 0745 E0	AE 0745 E8
13	30	8	AC 0483 E1	AE 0483 G0	17	32	7	AC 0750 E1	AE 0750 E0
14	24	6	AC 0514 E0	—	17	32	8	—	AE 0751 H6
14	25	7	AC 0519 E0	AE 0519 E0	17	35	6	AC 0758 E0	—
14	28	7	**AC 0526 A0**	AE 0526 A0	17	35	7	AC 0759 H0	AE 0759 E0
14	32	9	AC 0536 E0	AE 0536 E0	17	35	8	**AC 0760 A0**	AE 0760 H5
15	24	7	AC 0584 E1	—	17	38	7	AC 0768 E1	AE 0768 E0
15	25	7	AC 0588 E5	AE 0588 K1	17	40	8	AC 0771 F0	—
15	28	7	AC 0592 E1	—	17	40	10	AC 0773 E0	—

（次段へ）　　　　　　　　　　　　　　　　　　　　（次ページにつづく）

付
表

軸径 d	外径 D	幅 b	SC 型	TC 型	軸径 d	外径 D	幅 b	SC 型	TC 型
18	**30**	**7**	AC 0816 E0	—	22	42	7	AC 1145 E0	AE 1145 E0
18	30	8	AC 0817 E0	AE 0817 E0	22	42	10	AC 1147 E0	AE 1147 E0
18	32	9	AC 0825 E0	—	22	42	11	**AC 1148 A0**	AE 1148 A5
18	**35**	**7**	AC 0828 E0	—	23	32	7	AC 1213 P1	—
18	35	8	**AC 0829 A0**	AE 0829 A0	23	42	11	AC 1224 A0	AE 1224 A0
18	35	9	—	AE 0831 E0	24	38	7	AC 1251 E0	—
18	38	7	AC 0838 E0	AE 0838 E0	24	38	8	AC 1252 E0	AE 1252 E0
19	30	8	AC 0864 F0	—	24	38	10	—	AE 1255 E1
19	35	8	**AC 0875 A0**	AE 0875 A0	24	40	7	AC 1259 E0	—
19	38	7	—	AE 0880 E0	24	40	8	**AC 1260 A0**	AE 1260 A0
19	38	10	—	AE 0881 E0	24	45	7	—	AE 1265 E3
19	40	10	AC 0883 E0	—	25	35	6	AC 1292 G0	AE 1292 G0
20	30	7	AC 0984 E0	AE 0984 H0	25	37	8	AC 1302 F0	—
20	30	9	AC 0987 E0	—	25	38	7	AC 1306 E0	AE 1306 K0
20	32	8	AC 0997 E0	AE 0997 E0	25	38	8	—	AE 1307 E1
20	34	7	AC 1003 E1	AE 1003 E2	25	40	8	**AC 1314 A0**	AE 1314 A0
20	**35**	**7**	AC 1012 E0	AE 1012 G0	25	40	10	AC 1315 E0	AE 1315 F0
20	35	8	**AC 1013 A0**	AE 1013 A4	25	42	8	AC 1322 E0	AE 1322 F2
20	36	7	AC 1017 E0	AE 1017 F0	25	42	10	AC 1324 E0	—
20	36	10	—	AE 1019 E0	25	42	11	AC 1325 E0	AE 1325 E0
20	**40**	**7**	AC 1029 E0	AE 1029 E0	25	44	7	AC 1327 F0	—
20	40	8	AC 1030 E0	AE 1030 E1	25	45	7	AC 1334 E0	AE 1334 E0
20	40	10	AC 1032 F0	AE 1032 G0	25	45	8	AC 1335 E0	AE 1335 E0
20	40	11	**AC 1033 A0**	AE 1033 A0	25	45	10	—	AE 1337 F0
20	42	10	AC 1038 E0	—	25	45	11	**AC 1338 A7**	AE 1338 A0
20	45	12	AC 1045 E0	AE 1045 E0	25	47	6	AC 1348 E1	—
20	47	7	AC 1048 E0	—	**25**	**47**	**7**	AC 1350 E0	AE 1350 E1
21	35	7	AC 1084 E1	AE 1084 E0	25	47	10	—	—
22	32	7	AC 1116 E3	—	25	48	8	AC 1357 E0	—
22	**35**	**7**	AC 1126 F0	—	25	50	9	AC 1361 E0	—
22	35	8	AC 1127 E0	AE 1127 E0	25	50	12	—	AE 1363 E0
22	36	10	AC 1130 E0	—	25	52	8	AC 1374 E2	—
22	37	8	AC 1131 E0	—	25	52	10	—	AE 1377 F0
22	38	8	AC 1133 E0	AE 1133 E0	25	52	12	—	AE 1379 E0
22	38	12	AC 1136 E0	—	26	38	8	AC 1464 E0	—
22	40	8	AC 1138 E0	—	26	40	8	AC 1468 E0	—
22	40	10	AC 1140 E0	—	26	42	8	**AC 1474 A0**	AE 1474 A0

（次段へ）

（単位：mm）

・色字は JIS 準拠製品である．
・太字の型式製品は入手性がよいものを示す．

25 単列深溝玉軸受の寸法と基本動定格荷重

（JIS B 1513：1995，JIS B 1521：2012）

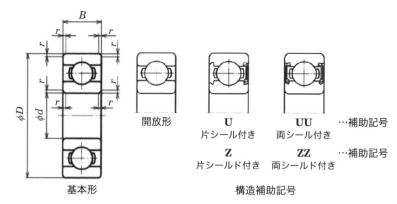

開放形 — 基本形

U 片シール付き
Z 片シールド付き

UU 両シール付き …補助記号
ZZ 両シールド付き …補助記号

構造補助記号

付図 25-1

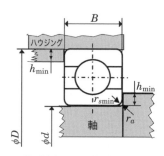

d：軸受内径，D：軸受外径，
B：軸受幅，r：面取り寸法（$r_{s\,min}$）
注：軸およびハウジングの隅 r_a は
$r_a \leqq r_{s\,min}$ でなければならない

付図 25-2　軸やハウジングの必要段差

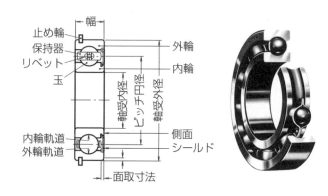

単列深溝玉軸受

付図 25-3　単列深溝軸受の内部構造各部の名称
（写真提供：日本精工株式会社）

軸受の呼び番号の例（参考）

```
例1：6204                              62    04
    軸受系列記号（幅系列 0，直径系列 2）┘      │
    内径番号（呼び軸受内径 20 mm）─────────┘

例2：6203ZZ                            62    03    ZZ
    軸受系列記号（幅系列 0，直径系列 2）┘      │     │
    内径番号（呼び軸受内径 17 mm）─────────┘     │
    シールド記号（両シールド付き）───────────────┘

例3：6306NR                            63    06    NR
    軸受系列記号（幅系列 0，直径系列 3）┘      │     │
    内径番号（呼び軸受内径 30 mm）─────────┘     │
    軌道輪形状記号（止め輪付き）─────────────────┘
```

付
表

付表 25-1

呼び番号	主要寸法（mm）				密封形式		基本動定格荷重（N）（参考）		肩の高さ（参考）
	d	D	B	$r_{s\min}$	シール	シールド	NSK	NTN	$h_{\min}$ （NSKカタログ）
6800	10	19	5	0.3	○	○	1720	1830	1
6900	10	22	6	0.3	○	○	2700	2700	1
6000	10	26	8	0.3	○	○	4550	4550	1
6200	10	30	9	0.6	○	○	5100	5100	2
6300	10	35	11	0.6	○	○	8100	8200	2
6801	12	21	5	0.3	○	○	1920	1920	1
6901	12	24	6	0.3	○	○	2890	2890	1
16001	12	28	7	0.3	−	−	5100	5100	1
6001	12	28	8	0.3	○	○	5100	5100	1
6201	12	32	10	0.6	○	○	6800	6100	2
6301	12	37	12	1	○	○	9700	9700	2.5
6802	15	24	5	0.3	○	○	2070	2080	1
6902	15	28	7	0.3	○	○	4350	3650	1
16002	15	32	8	0.3	−	−	5600	5600	1
6002	15	32	9	0.3	○	○	5600	5600	1
6202	15	35	11	0.6	○	○	7650	7750	2
6302	15	42	13	1	○	○	11400	11400	2.5
6803	17	26	5	0.3	○	○	2630	2230	1
6903	17	30	7	0.3	○	○	4600	4650	1
16003	17	35	8	0.3	−	−	6000	6800	1
6003	17	35	10	0.3	○	○	6000	6800	1
6203	17	40	12	0.6	○	○	9550	9600	2
6303	17	47	14	1	○	○	13600	13500	2.5
6804	20	32	7	0.3	○	○	4000	4000	1
6904	20	37	9	0.3	○	○	6400	6400	1
16004	20	42	8	0.3	−	−	7900	7900	1
6004	20	42	12	0.6	○	○	9400	9400	2
6204	20	47	14	1	○	○	12800	12800	2.5
6304	20	52	16	1.1	○	○	15900	15900	3.25
60/22	22	44	7	0.6	○	○	9400	9400	2.5
62/22	22	50	9	1	○	○	12900	12900	2.5
63/22	22	56	8	1.1	○	○	18400	18400	3.25
6805	25	37	7	0.3	○	○	4500	4300	1
6905	25	42	9	0.3	○	○	7050	7050	1
16005	25	47	8	0.3	−	−	8850	8350	1
6005	25	47	12	0.6	○	○	10100	10100	2
6205	25	52	15	1	○	○	14000	14000	2.5
6305	25	62	17	1.1	○	○	20600	21200	3.25
60/28	28	52	12	0.6	○	○	12500	12500	2
62/28	28	58	16	1	○	○	16600	17900	2.5
63/28	28	68	18	1.1	○	○	26700	26700	3.25
6806	30	42	7	0.3	○	○	4700	4700	1
6906	30	47	9	0.3	○	○	7250	7250	1
16006	30	55	9	0.3	−	−	11200	11200	1
6006	30	55	13	1	○	○	13200	13200	2.5
6206	30	62	16	1	○	○	19500	19500	2.5
6306	30	72	19	1.1	○	○	26700	26700	3.25

26 自動車用プラグの基本寸法（JIS D 2101：2001 より抜粋）

製品の呼び方：JIS D 2101　2 種 A 形　M12×12　S45C

| 規格番号 | 種類 | 呼び×長さ | 材質 |

① 1種：管用テーパねじプラグ…めねじは，管用平行めねじ（Rp）か管用テーパめねじ（Rc）との組合せで使われる．ねじ面でシールするが，完全なシールができないので，一般的には専用のシールテープを巻いて使用する．

② 2種：メートルねじプラグ…最も一般的な 2 種 A 形プラグを下表に示す．ガスケットと組み合わせて用いる．

③ ガスケット…JIS に規定されていない．参考寸法を下表に示す．

付表 26-1

四角頭プラグおよび六角穴プラグ

（単位：mm）

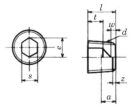

1種A形四角頭プラグ　　　　1種B1形六角穴プラグ

ねじの呼びd	a 基準系	l 基準	s 基準寸法 1種A形四角頭	s 基準寸法 1種B1形六角穴	e 最小 1種A形四角頭	e 最小 1種B1形六角穴	h 基準 1種A形四角頭	t 最小 1種B1形六角穴	D₁ 約	D₂ 最大	c 最大	z 約
R1/8	3.97	8	7	5	8.81	5.72	7	3	6.8	9.9	1.5	1
R1/4	6.01	11	10	6	12.71	6.86	8	5	9.8	14.1	2.1	1.4
R3/8	6.35	12	12	8	15.25	9.15	9	5	11.8	17	2.5	1.4
R1/2	8.16	15	14	10	17.85	11.43	10	6.5	13.5	19.8	2.9	1.9
R3/4	9.53	17	17	14	21.75	16.00	11	8	16.5	24	3.5	1.9
R1	10.39	19	19	17	24.27	19.44	12	10	18	26.9	4	2.5

2種B形つば付き六角頭プラグ　　　　2種B形相当ガスケット

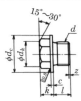

d ねじ呼び径	1系列 l (基準)	2系列 l (基準)	k (基準)	s (基準)	e (最小)	dₖ 約	d_c (最小)	c (基準)	z 約	d₁	D (最大)	t (基準)
M8	8	6	7	10	10.95	9.5	13	2	1.3	8.2	13	2.5
M10×1.25	10	7	7	12	13.14	11.5	16	2	1.3	10.2	16	2.5
M10	10	7	7	12	13.14	11.5	16	2	1.3	10.2	16	3
M12×1.25	12	8	8	14	15.38	13.5	18	2	1.3	12.2	18	2.5
M12×1.25	12	8	8	14	15.38	13.5	18	2	1.3	12.2	18	3.5
M16×1.5	14	10	9	17	18.74	16.5	22	2	1.3	16.2	22	3
M20×1.5	14	11	11	19	20.91	18	26	3	1.5	20.2	26	3
M24×1.5	16	11	11	19	20.91	18	32	3	1.5	24.3	32	3
材質	SWCH43K～SWCH48K，または S43C～S48C 焼入れ焼き戻し（硬度は当事者間の規定による）表面処理：Ep-Fe/Zn5/CM2									JIS 規定ないが以下を推奨 C1020（60 HV 以下）A1050-O（50 HV 以下）		

索　引

索
引

夕 行

索
引

ナ　行

ハ　行

索
引

索
引

ワ 行

英数字

索
引

JIS による機械製図と機械設計（第2版）

2020 年 4 月 1 日　　　第 1 版第 1 刷発行
2023 年 11 月 25 日　　第 2 版第 1 刷発行

編　　者　機械製図と機械設計編集委員会
発 行 者　村 上 和 夫
発 行 所　株式会社 オーム社
　　　　　郵便番号　101-8460
　　　　　東京都千代田区神田錦町 3-1
　　　　　電話　03(3233)0641(代表)
　　　　　URL　https://www.ohmsha.co.jp/

© 機械製図と機械設計編集委員会 2023

組版　新生社　　印刷・製本　壮光舎印刷
ISBN978-4-274-23136-0　Printed in Japan

本書の感想募集　https://www.ohmsha.co.jp/kansou/
本書をお読みになった感想を上記サイトまでお寄せください．
お寄せいただいた方には，抽選でプレゼントを差し上げます．

● 好評図書 ●

JIS にもとづく **標準製図法**（第 15 全訂版）

工博　津村利光　閲序／大西　清　著　　　　**A5 判　上製　256 頁　本体 2000 円【税別】**

本書は、設計製図技術者向けの「規格にもとづいた製図法の理解と認識の普及」を目的として企図され、初版（1952 年）発行以来、全国の工業系技術者・教育機関から好評を得て、累計 100 万部を超えました。このたび、令和元年 5 月改正の JIS B 0001：2019［機械製図］規格に対応するため、内容の整合・見直しを行いました。「日本のモノづくり」を支える製図指導書として最適です。

JIS にもとづく **機械設計製図**便覧（第 13 版）

工博　津村利光　閲序／大西　清　著　　　　**B6 判　上製　720 頁　本体 4000 円【税別】**

初版発行以来、全国の機械設計技術者から高く評価されてきた本書は、生産と教育の各現場において広く利用され、12 回の改訂を経て 150 刷を超えました。今回の第 13 版では、JIS B 0001：2019［機械製図］に対応すべく機械製図の章を全面改訂したほか、2021 年 7 月時点での最新規格にもとづいて全ページを見直しました。機械設計・製図技術者、学生の皆さんの必備の便覧。

JIS にもとづく **機械製作図集**（第 8 版）　　最新刊

大西　清　著　　　　**B5 判　並製　168 頁　本体 2200 円【税別】**

正しくすぐれた図面は、生産現場において、すぐれた指導性を発揮します。本書は、この図面がもつ本来の役割を踏まえ、機械製図の演習に最適な「製作図例」を厳選し、すぐれた図面の描き方を解説しています。第 8 版では、令和元年 5 月改正の JIS B 0001：2019［機械製図］規格に対応するため、内容の整合・見直し・増補を行いました。機械系の学生、若手技術者のみなさんの要求に応える改訂版です。

機械工学入門シリーズ **機械設計**入門（第 4 版）

大西　清　著　　　　**A5 判　並製　256 頁　本体 2300 円【税別】**

機械設計は、すぐれた性能をもった機械を生み出すための創造的な働きであり、機械生産のプロセスにおいては作業を指揮する頭脳に相当します。本書は、機械設計の基盤である「機械要素」（ねじ、キー、軸、歯車等）の取扱い、選び方、設計手順等について、図・表を豊富に用いてわかりやすく解説したものです。大学、高専、専門学校、工業高校の教科書として、また実務に直結した参考書として好適です。

機械設計技術者試験準拠 **機械設計技術者**のための**基礎知識**

機械設計技術者試験研究会　編　　　　**B5 判　並製　392 頁　本体 3600 円【税別】**

機械工学は、すべての産業の基幹の学問分野です。本書は、（一社）日本機械設計工業会が主催する機械設計技術者試験の試験科目、4 大力学（材料力学、機械力学、流体力学、熱力学）をはじめ、設計の基礎となる機械材料、機械設計・機構学、設計製図および設計の基礎となる工作法、機械を制御する制御工学の 9 科目についての基礎基本と CAD/CAM について、本文中に例題を多く取り入れ、わかりやすく解説しています。

2023 年版 **機械設計技術者**試験**問題集**　　最新刊

日本機械設計工業会　編　　　　**B5 判　並製　208 頁　本体 2700 円【税別】**

本書は（一社）日本機械設計工業会が実施・認定する技術力認定試験（民間の資格）「機械設計技術者試験」1 級、2 級、3 級について、令和 4 年度（2022 年）11 月に実施された試験問題の原本を掲載し、機械系各専門分野の執筆者が解答・解説を書き下ろした公認問題集です。合格への足がかりとして、試験対策の学習・研修にお役立てください。

3 級 **機械設計技術者**試験 **過去問題集**

令和 **2** 年度／令和元年度／平成 **30** 年度

日本機械設計工業会　編　　　　**B5 判　並製　216 頁　本体 2700 円【税別】**

本書は（一社）日本機械設計工業会が実施・認定する技術力認定試験（民間の資格）「機械設計技術者試験」3 級について、過去 3 年（令和 2 年度／令和元年度／平成 30 年度）に実施された試験問題の原本を掲載し、機械系各専門分野の執筆者が解答・解説を書き下ろして、（一社）日本機械設計工業会が編者としてまとめた公認問題集です。3 級合格への足がかりとして、試験対策に的を絞った本書を学習・研修にお役立てください。

◎本体価格の変更、品切れが生じる場合もございますので、ご了承ください。
◎書店に商品がない場合または直接ご注文の場合は下記宛にご連絡ください。
TEL.03-3233-0643
FAX.03-3233-3440
https://www.ohmsha.co.jp/